BusinessVillage

Tom Röthlisberger

START-UP VENTURE

Von der Idee an den Markt

BusinessVillage

Tom Röthlisberger
Start-up Venture
Von der Idee an den Markt
1. Auflage 2024

Bestellnummern
ISBN 978-3-86980-750-8 (Druckausgabe)
ISBN 978-3-86980-751-5 (E-Book, PDF)
ISBN 978-3-86980-752-2 (E-Book, epub)

Direktbezug www.BusinessVillage.de; PB-1194

Bezugs- und Verlagsanschrift
BusinessVillage GmbH, Reinhäuser Landstraße 22, 37083 Göttingen
Telefon: +49 (0)5 51 20 99-1 00
E-Mail: info@businessvillage.de
Web: www.businessvillage.de

Lektorat | Jutta Schneider, Patrick Schär/Torat GmbH

Korrektorat | Verena Simon/Torat GmbH

Autorenfoto | Alexandra Jäggi, www.alexandrajaeggi.ch

Layout und Satz | Red Cape Production, Berlin

Druck und Bindung | www.booksfactory.de

INHALTSVERZEICHNIS

Über mich 9

Vorwort 11

Einleitung 15
Für wen ist »Start-up Venture«? 15

How to hack your Start-up-Adventure 19
Wieso »Start-up Venture«? 19
Warum Start-ups schwierig sind 20
Was ist »Start-up Venture«? 21
Vom 1× zum 3×Start-up 23

And so it begins ...

Der Founder's Fit 29
Founders DNA 30
Die vier Start-up-Kompetenzen 36
Team-Kompetenzen 41
Die richtigen Menschen finden 43
Die Start-up-Kultur 45
Das 6/2-Prinzip 48

Have a Problem Worth Solving

Der Problem Solution Fit 53
In a Nutshell 53
A Problem worth solving 55
Das richtige Lernen 59
Die KPI des Problem Solution Fit 62
Das überlebensfähige Start-up 68

Die Attraktivität 71
Der Markt 73
Recherchiere deinen Markt 77
Der fantastische Markt 79
Das Produkt 83
Wachstumsstrategien 87

Rentabilität prüfen 91
Preisfindung mit der Van-Westendorp-Methode 92
Mögliche Preismodelle 93
Umsatzprognose 96

Bleib realistisch 99
Personalkosten als größter Block 99
Die Berechnung von Vertriebskosten 101
Burn Rate und Runway 102
Kostenprognose 102

Setze es um 105
Strategische Partnerschaften finden 105
Das Minimum Viable Product 106
Varianten eines Minimum Viable Product 107

Finanzierung 115
In a Nutshell 115
Die Grundlagen des Fundraising 117

Investierbar sein 121
Start der Finanzierungsrunde 121
Dein Team als entscheidender Faktor 121
Traktion am Markt definiert den Preis 122
Bei Investor(inn)en präsent sein 122
Was ist mein Finanzbedarf? 123
Was ist meine aktuelle Bewertung? 125
Wie finde ich die richtigen Investor(inn)en? 127

Die notwendigen Unterlagen 131
Der Businessplan 131
Der Cap Table 134

Das Non-Disclosure Agreement 135
Das Term Sheet 135

Der erste Eindruck 139
Die Teaseransprache 140
Das Pitch Deck 141

Zum Abschluss 145

Product Market Fit 149
In a Nutshell 149
Der Weg zur Skalierung 151
Der Unterschied zum Problem Solution Fit 152
Mit Experimenten zum Erfolg 155
Messen des Product Market Fit 158
Konkrete KPI zur Messung 159

Wachstum 169
Test & Learn 171
Fokus auf den Early Market 173
Ein Wort zur Viralität 174
Der Unterschied zwischen B2B und B2C 175
Growth Hacking B2C 176
B2B-Verkauf 184

Kundenerfolg 191
Die drei Bereiche des Kundenerfolgs 192

Kundenbindung 197
Messen der Produktnutzung 198
Messen der Kundentreue 199
Ein paar Ideen ... 201

Produktentwicklung 203
Die Basis der Produktentwicklung 204
Die Rolle des Product Owner 206
Die Definition of Done 211

Das Phänomen Premature Scaling **213**

Feeling the Fit **215**

Dank **221**

Quellen **223**

Glossar **225**

ÜBER MICH

Als Co-Founder des Venture Studio Digital Innovation Lab im 2014 durfte ich in den verschiedensten Rollen Start-ups unterstützen. Ich war in den Rollen als Gründer, Venture Architect, CTO, Growth Hacker, Fractional CMO, Fundraiser, Product Owner, Business Developer und Sales tätig. Und das nicht nur in einem, sondern in mehr als einem Dutzend Start-ups. Als Venture Studio unterstützen wir jährlich mehrere Start-ups auf dem Weg von der Idee bis zum Product Market Fit. Als Juror, Angel Investor und Coach habe ich mich zudem mit Hunderten von Gründerinnen und Gründern ausgetauscht und dadurch meine Erfahrungen weiter ausgebaut. Verbunden mit meiner Leidenschaft, Menschen erfolgreicher zu machen, war dies mit die Motivation dafür, dieses Buch zu verfassen.

Kontakt

Web: https://tomroethlisberger.com

VORWORT

Ich schrieb die Anfänge dieses Buches noch mitten in der COVID-19-Pandemie. Wie viele andere Menschen weltweit hatte ich mich im Homeoffice eingerichtet und arbeitete inmitten von Familie und Haustieren, zwischen Nähmaschine und Stofflager, im kürzlich gegründeten Unternehmen meiner Frau. Aber zumindest nicht im Keller, sondern mit Aussicht auf die nahen Schweizer Alpen. Ich erwähne das, weil es vielen Arbeitenden in jener besonderen Zeit genau gleich erging wie mir. Wir waren im Lockdown zu Hause eingeschlossen und hofften auf eine Veränderung der Dinge, die wohl noch länger auf sich warten lassen würde. Also schoben wir auch unsere Projekte immer wieder auf die lange Bank. Die Zeiten waren unsicher, wir wollten uns lieber still verhalten und nicht noch ein Risiko eingehen.

Kommt dir das bekannt vor? Auch ich habe mein Projekt, nämlich dieses Buch zu schreiben, immer wieder vor mir hergeschoben. Mein Wissen und meine Erfahrung im Aufbau von Start-ups hatte ich bereits seit Jahren dokumentiert, und ich hatte meine Aufzeichnungen immer wieder neu strukturiert. Doch nie war mir mein Ergebnis gut genug. Zu groß war meine Angst, ungenaue oder vielleicht sogar falsche Inhalte zu veröffentlichen.

Und klar, selbstverständlich lerne ich jeden Tag dazu. Naturgemäß wird dadurch auch mein Start-up-Venture-Ansatz immer besser. »Ich warte lieber mit der Veröffentlichung, ich bin ja immer noch nicht fertig« war meine tägliche Argumentation, um mich selbst zu überzeugen, dass ich genau richtig handelte. Dabei war es reine Verzögerungstaktik. Statt mein Wissen breit zu teilen und so vielen Menschen auf dem Weg zum eigenen Start-up zu helfen, wartete ich lieber ab und rechtfertigte mich dafür auch noch vor mir selbst. Aus Angst vor Kritik, aus Angst vor dem Scheitern meines Projekts und weil ich bisher noch keinerlei Erfahrung mit dem Schreiben eines Buches gesammelt hatte und deshalb ins kalte Wasser springen musste. Es ging mir also wie allen Gründerinnen und Gründern.

Aber an einem Wochenende im März 2021 hat sich bei mir etwas verändert. Denn es braucht manchmal einfach einen Ruck im Leben, um einen Neubeginn zu wagen. Aus Langeweile habe ich mir einen Film angeschaut, den ich normalerweise nie ausgewählt hätte. Er hieß »Wir kaufen einen Zoo«. Der Regisseur ist Cameron Crowe, Scarlett Johannson und Matt Damon spielen die Hauptrollen. Die Hauptfigur Benjamin Mee, gespielt von Matt Damon, hat jüngst seine Frau und Mutter seiner beiden Kinder verloren. Sein Leben gleicht einem Chaos. Um es wieder in geordnete Bahnen zu bringen, kauft er sich einen abgehalfterten Zoo – the next best action im Leben halt – und baut diesen neu auf. Okay, der Plot klingt nicht sonderlich spannend, aber durch die Menschen und die besonderen Momente im Film durchlebte ich eine Achterbahn der Gefühle. Manchmal lachte ich laut, manchmal zerriss es mir fast das Herz. Was hat das Ganze nun mit dem Ruck zu tun, den ich oben erwähnt habe? Ganz einfach.

Das Motto von Benjamin Mee war:

> **Starte ein Abenteuer! Alles, was es braucht, sind zwanzig Sekunden Mut.**

Diese zwanzig Sekunden reichen aus, um die eigene Hemmschwelle zu überwinden und sich auf den Weg zu begeben. Wenn du also eine Gründerin oder ein Gründer in spe bist, dann brauchst du jetzt wirklich nur zwanzig Sekunden Mut, um in dein Abenteuer zu starten. So wie ich es mit diesem Buch auch gemacht habe.

EINLEITUNG

Für wen ist »Start-up Venture«?

Mit »Start-up Venture« möchte ich erstmaligen Founders – ich verwende einfach den englischen Ausdruck und meine damit immer weibliche und männliche Gründer – aufzeigen, was sie in den ersten sechsunddreißig Monaten eines vorwiegend digitalen Start-ups erwartet. In 2010 war ein digitales Start-up noch etwas Besonderes. Heute im Jahr 2024 ist der Zusatz »digital« eigentlich kaum mehr notwendig. Fast jedes Start-up, man könnte fast sagen jedes Unternehmen, hat heute eine digitale Ausprägung, und sei es nur im Marketing und Vertrieb.

Mir ist durchaus bewusst, dass meine Sprache nicht die eines Akademikers oder Bestsellerautors ist. Teilweise sind die Kapitel sehr knapp und direkt formuliert. Aber hey, in einem Start-up hast du eh keine Zeit, um dich mit unnützem Wissen abzugeben! Rasch auf den Punkt zu kommen, ist wichtig. Und genauso werde ich es in diesem Buch handhaben. Pragmatisch, ehrlich und direkt. Dazu gehört auch die vertrauliche Anrede »du«, wie sie in der Start-up-Branche üblich ist.

Ich versuche, auf langatmige Ausführungen zu verzichten, und komme immer direkt zum Kern meiner Aussage. Ich hoffe, du verzeihst mir, dass ich das Storytelling auf ein Minimum reduziere, um den Nutzen für dich zu maximieren. Leider sind die Zusammenhänge beim Thema Start-up unglaublich komplex. Während ich dieses Buch schrieb, wurde mir immer bewusster, dass es viel zu umfangreich werden würde, wenn ich alle meine Erfahrungen aufschreiben würde. Also musste ich mich stark einschränken, denn ich wollte den Umfang von »Start-up Venture« überschaubar halten. Deshalb verzichte ich auf die Erklärung von Dingen, die andere Expertinnen und Experten bereits besser erklärt haben als ich, und beziehe mich lieber auf deren Erläuterungen. Ich werde versuchen, dir in allen relevanten Themen einen guten Einstieg in die Materie zu geben.

Falls dir irgendwo im Buch die Tiefe fehlen sollte, dann beginne trotzdem. Tiefe entsteht durch die tägliche Arbeit und nicht durch noch mehr Lesen. Zudem entwickle ich mich konstant gemeinsam mit meinen Start-ups weiter. Deshalb kann es auch vorkommen, dass ich inzwischen andere Methoden empfehlen oder sogar gewisse Bereiche komplett umgestalten würde. Aber so ist das Leben in der Start-up-Branche halt. Stehen bleiben bedeutet zurückfallen.

Wenn du diese Zeilen liest, bedeutet das, dass mein Problem Solution Fit des Produkts »Start-up Venture« erfolgreich war und ich entweder am Product Market Fit arbeite oder sogar schon skalieren darf. So oder so hoffe ich, dass mein Beitrag zum Verständnis der Start-up-Welt vielen Founders hilft, die schlimmsten Fehler zu vermeiden und so zielorientiert wie nur möglich die ersten Jahre ihres Start-ups erfolgreich zu durchleben. Und vergesst eines nicht: Es ist nach wie vor ein Abenteuer und das ist auch gut so. Das ist der Reiz am Gründen.

Mein größter Wunsch und das wichtigste Ziel, das ich mit diesem Buch erreichen möchte, ist, dass einige Founders dank meiner Ausführungen aus einer tollen Idee ein noch besseres Unternehmen erschaffen. Mein größter Lohn ist der Erfolg aller Founders, die den Start gewagt haben und – vielleicht auch dank »Start-up Venture« – erfolgreich wurden.

Keep on pushing!

HOW TO HACK YOUR START-UP ADVENTURE?

Wieso »Start-up Venture«?

Das ist eine berechtigte Frage, existieren doch schon unglaublich viele gute Bücher rund um Start-ups. Mit ein wenig Recherche wirst du die verschiedensten Themenschwerpunkte finden. So beschreibt »Lean Start-up« von Eric Ries beispielsweise bereits verschiedene Growth Engines. Oder Wes Bush, der in seinem Bestseller über Product-Led Growth schreibt. Mir hat aber immer ein einfaches und trotzdem konkretes Vorgehensmodell gefehlt. So eine Art Reiseführer, der dir erklärt, wie du dich in deinem Traumland fortbewegen kannst. Gut – Gründen ist immer ein Abenteuer, aber wie bei einer Expedition in ein unbekanntes Land, gibt es doch Dinge, die du unbedingt gemacht und gesehen haben musst, wie du dich verhalten sollst, welche Regeln es gibt, was überhaupt wie funktioniert. Also verwende das Buch hier wie einen Reiseführer für Gründerinnen und Gründer. Nimm es hervor, wenn du Rat für den nächsten Schritt benötigst und leg es weg, wenn du selbst deine Erfahrungen sammelst.

Ein solches Buch will dir nicht jedes einzelne Detail erklären, es liefert kaum mehr als eine kurze Wegbeschreibung. Der Rest ergibt sich im täglichen Tun – und nicht durch das Lesen von noch mehr Büchern. Ein Reiseführer kann dir auch nicht wirklich erklären, wie ein dir unbekanntes Land klingt, riecht oder welcher Lebensrhythmus vorherrscht. Das musst du immer noch selbst herausfinden. Und genau so verhält es sich mit Start-ups und diesem Buch. Gehen musst du den Weg selbst! Das selbst schreiben der eigenen Stories macht das Abenteuer schlussendlich ja auch so einzigartig.

Warum Start-ups schwierig sind

Einer der auf Google meistgesuchten Sätze im Zusammenhang mit Start-ups ist: »Gründe, wieso Start-ups scheitern«. Als Ergebnis werden fast zwanzig Millionen Einträge auf Deutsch und Englisch aufgelistet.

Hier ein paar Beispiele, wieso Start-ups scheitern:

- Dem Start-up geht das Geld aus,
- der falsche Markt wird angesprochen,
- das Businessmodell ist nicht mit Gewinn umsetzbar,
- das Marketing ist schlecht,
- es besteht kein wirklicher Bedarf am Markt,
- die Zusammensetzung des Teams ist falsch,
- das Timing ist schlecht,
- der Founder hat ein Burn-out.

Du kannst die Liste fast beliebig weiterführen. Ich würde sogar noch einen Grund mehr nennen, warum Start-ups scheitern:

- Ihr Fokus in der Umsetzung ist nicht klar genug.

Founders ertrinken in den alltäglichen Aufgaben und verlieren aus den Augen, was wirklich wichtig ist. So gehen wahnsinnig viel Energie und Zeit verloren, die dann am Schluss nicht mehr aufzuholen sind. Aber warum ist das so? Um zu verstehen, warum Start-ups häufig scheitern, musst du dir bewusst werden, was ein Start-up eigentlich ist.

> *Ein Start-up ist eine Unternehmensgründung mit einer innovativen Geschäftsidee und hohem Wachstumspotenzial.*

Innovation ist bei einem Start-up oft auf mehreren Ebenen zu finden: in einem neuartigen Produkt, in neuen Märkten, in neuen Preismodellen oder in anderer Vermarktung. Diese Mehrdimensionalität führt immer zu einem hohen Risiko in der Umsetzung. Aus diesem Grund wird ein Start-up auch nie von der Gründung bis zum Break-even einfach durchfinanziert, sondern in mehr oder weniger akzeptierten Ausbaustufen zum möglichen Erfolg entwickelt. Diese Ausbaustufen stellen immer wieder komplett neue Herausforderungen an dich. Du musst dich vom visionären Founder zum Marktforscher, zum Kundenversteher, zum Fundraiser bis zum Produkt- und Wachstumsexperten entwickeln. Und das emotional und intellektuell in der Rekordzeit von zwei bis drei Jahren. Eine Karriere, die sich potenzielle Founders zunächst einmal schlecht vorstellen können.

Erst wenn du – inklusive deines ganzes Teams – diese Entwicklung erfolgreich durchlaufen hast, hat dein Start-up eine reale Chance, am Markt erfolgreich werden.

> **Ein erfolgreiches Start-up lebt von vier Dingen: der richtigen Idee, dem passenden Timing, dem richtigen Team und der außergewöhnlichen Ausführung.**

Was ist »Start-up Venture«?

Ich möchte dir als Founder mit Start-up Venture die ersten sechsunddreißig Monate in deinem Start-up greifbar machen. Start-up Venture soll eine Initialzündung, ein Startpunkt sein. Ganz bewusst verwende ich dabei den Begriff »Venture«. Ein Wortspiel erlaubt mir die Brücke zum Adventure. Dieses Abenteuer leitet wunderbar die Charakteristik eines Start-ups ab. Viele Menschen vor dir haben die Reise schon angetreten und trotzdem sind alle Wege durch das Abenteuer individuell. Dieses Buch liefert dir deshalb nicht ein detailliertes Vorgehen, sondern eine klare Orientierung, damit du immer weißt, worauf du dich momentan fokussieren sollst. Zu jedem Zeitpunkt deines Venture gibt es Dinge, die du tun oder lassen solltest. Ein Start-up in der frühen Phase des Kundenverstehens sollte sich noch nicht mit der Optimierung der Marketingmaßnahmen beschäftigen. Entscheidungen sollten im Hier und Jetzt und im richtigen Kontext getroffen werden. Dabei werden Entscheidungen jederzeit auf Basis von Daten (nicht Meinungen) getroffen.

In »Start-up Venture« ist eine Übersicht über alle wichtigen Themen der ersten Phasen eines Start-ups enthalten. Es liefert zu jedem Thema das Basiswissen für einen schnellen Start. Dank des Fokus auf die notwendigen Daten und Messpunkte kannst du dein Start-up ohne Zweifel in Richtung Product Market Fit entwickeln.

Vom 1×Start-up zum 3×Start-up

Das Start-up-Venture-Modell beschreibt, wie sich dein Start-up idealerweise entwickeln sollte. Die Phasen sind dabei gar nicht so einfach voneinander abzugrenzen, wie das Modell suggeriert. Aber ich verwende gerne Modelle, um die Welt einfacher und verständlicher darzustellen, als sie in Wirklichkeit ist.

Start-up Venture basiert auf den zwei bekannten Phasen vom Problem Solution Fit und dem Product Market Fit. Ash Maurya hat mit seinem Buch »Running Lean« einen bedeutenden Beitrag zu diesen Phasen geleistet. Ich greife viel von seiner Arbeit auf. Einen großen Dank an Ash an dieser Stelle! Ich versuche, in meinem Modell die Zusammenhänge zwischen den wichtigsten Bereichen aufzuzeigen und einen einfachen Einstieg in den jeweiligen Bereich zu ermöglichen. Ich möchte damit ein möglichst breites Verständnis der Zusammenhänge weitergeben. Deshalb habe ich bewusst auch den Bereich der Finanzierung mit eingebaut und mehr Gewicht auf die Kompetenzen des Founders-Team im Kapitel »Founder's Fit« gelegt. Natürlich müsste man für jeden Themenbereich ein eigenes Buch verfassen, um der inhaltlichen Tiefe gerecht zu werden.

Die Entwicklung deines Start-ups habe ich exemplarisch in der Abbildung 1 dargestellt und beschrieben. Es ist mir bewusst, dass beispielsweise die Angaben über Wachstum, Umsatz oder Kunden sehr individuell sind. Aber statt immer nur zu sagen: »Es kommt darauf an«, zeige ich dir konkrete Beispiele. Eine Überlegung, die ich dir gleich hier mit auf den Weg geben möchte, ist die Multiplikation deines Unternehmens. Während du mit deinem Founders-Team den Problem Solution Fit zu erreichen suchst, bist du ein 1×Start-up (Einfach-Start-up). Alles ist handgestrickt, die Umsätze wachsen nur langsam, deine Lösung ist bisher ein einfaches Minimum Viable Product, kurz MVP. Um auf den Pfad des raschen – und teilweise exponentiellen – Wachstums zu kommen, musst du auf breiter Front

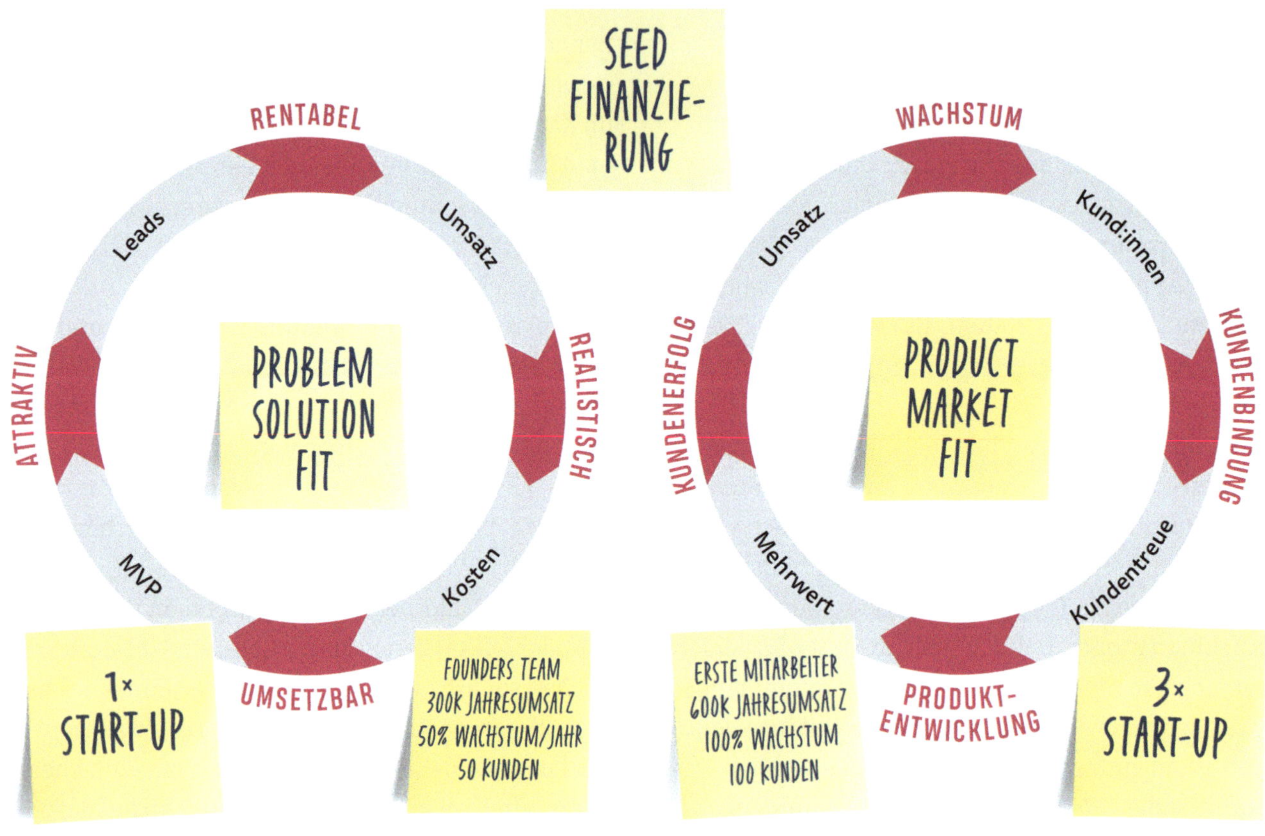

Abbildung 1: *Vom Problem Solution Fit zum Product Market Fit*

skalieren. Dazu brauchst du eine Seed-Finanzierung, um an Produkt, Organisation und Marktwachstum gleichzeitig arbeiten zu können. Du musst ein 3×Start-up (Dreifach-Start-up) entwickeln. Dreimal so viele Teammitglieder, dreimal so viel Umsatz, dreimal höhere Bewertung als Unternehmen. Tatsächlich – und das finde ich wirklich spannend – funktioniert diese Überlegung auch noch, wenn du eine Series-A-Finanzierung zur Skalierung des Wachstums machst: Du entwickelst ein 9×Start-up. Neunmal so viele Mitarbeitende, neunmal so viel Umsatz, neunmal so hohe Bewertung. Ich denke, du weißt, was ich meine.

In Start-up Venture wirst du die konkreten Beschreibungen der einzelnen Phasen ausführlich in den entsprechenden Kapiteln finden. Lass uns hier einfach mal eintauchen in die Welt des 1×Start-ups. Den Start deines Abenteuers.

Vom Problem Solution Fit über die erste Finanzierung zum Product Market Fit. Klingt ja eigentlich ganz einfach. In der Praxis vermischen sich diese Phasen aber oft untereinander. Umso wichtiger wird es für dich sein, dass du die Schritte einzeln beurteilen und entwickeln kannst.

AND SO IT BEGINS ...

DER FOUNDER'S FIT

Du als Founder bist die zentrale Figur in deinem Start-up. Du bildest in meinem Modell das, was ich den »Founder's Fit« nenne. Du und dein Team gebt eurem Start-up den Rahmen, Energie und Zweck – den Purpose. Ohne euch und eure Leidenschaft würde es kein Start-up geben. Deshalb beginne ich bei dir. Einige Founders werden in der Start-up-Branche inzwischen ja richtiggehend zu Idolen hochstilisiert. Von Elon Musk über Sara Blakely bis zu Frank Thelen gibt es viele Beispiele von erfolgreichen und populären Founders. Lass dich aber nicht blenden von den Bildern, die von diesen großartigen Unternehmerinnen und Unternehmern gezeichnet werden. Der Weg dahin ist lang, steinig und steil. Mir ist es deshalb wichtig, dass du dir von Anfang an bewusst bist, was es wirklich bedeutet, ein Founder zu sein.

Erfolgreiche Founder verfügen über ein konsequentes und gleichzeitig unbeschwertes Auftreten gegenüber den Herausforderungen beim Aufbau eines Start-ups. Diese Haltung führe ich auf eine ganz spezifische Ausprägung von emotionaler Intelligenz zurück. Ich nenne sie »Founders DNA«. Die Aufschlüsselung dieser DNA versuche ich im folgenden Kapitel zu zeigen. Neben der emotionalen Intelligenz ist aber die ehrliche Einschätzung der eigenen und der im Team vorhandenen Kompetenzen eine ebenso wichtige Fähigkeit. Zur erfolgreichen Umsetzung deines Start-ups benötigst du Fähigkeiten in vier Kompetenzbereichen: Markt, Geschäftsmodell, Technologie und Produkt. Entweder eignest du sie dir auf deinem Weg selbst an – was extrem schwierig und oft zu aufwendig ist –, oder du versuchst, sie mit neuen Teammitgliedern zu kompensieren. Und als letzter Punkt im Founder's Fit gehe ich auf die einzigartige Start-up-Kultur ein. Ohne diese Kultur der Transparenz und Toleranz kann kein Start-up die herausfordernden ersten Jahre erfolgreich als Team meistern.

Founders DNA

Ed Catmull, der langjährige Präsident von Pixar, hat die Branche mit dem folgenden Ausspruch geprägt:

> *Wenn du einem mittelmäßigen Team eine gute Idee gibst, werden sie es vermasseln. Wenn du jedoch einem brillanten Team eine mittelmäßige Idee gibst, werden sie sie entweder reparieren oder sie verwerfen und sich etwas viel Besseres einfallen lassen!*

Was macht aber ein gutes Team, eine verschworene Einheit von Heldinnen und Helden, aus? Warum sind manche Founders erfolgreicher als andere? Ich kenne viele Founders und Start-up-Teams, die fachlich über alle Zweifel erhaben sind. Sie haben alle Hard Skills, also alle fachlichen Kompetenzen, die man erlernen kann, und trotzdem stellt sich kein Erfolg ein. Den Unterschied machen die Charaktereigenschaften. Ein Charakter kann aber leider nicht so einfach dargestellt werden wie die technischen

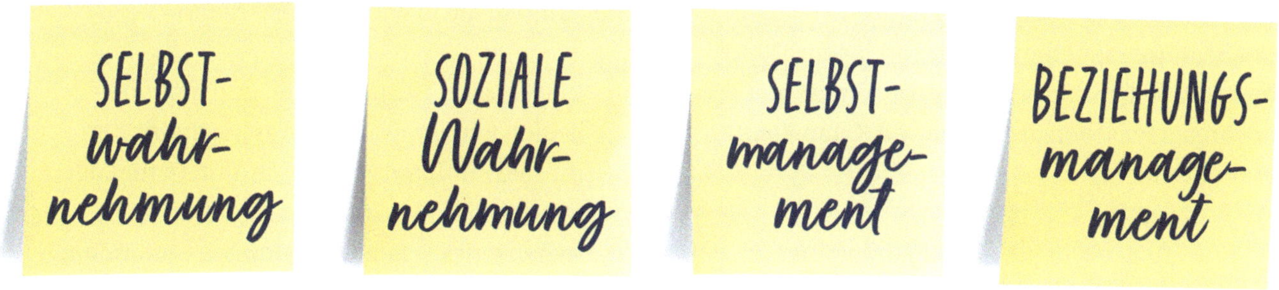

Abbildung 2: *Die vier verschiedenen Bereiche der emotionalen Intelligenz*

Eigenschaften eines Produktes. Deshalb habe ich für mich den Begriff »Founders DNA« gewählt. Ich beziehe mich dabei auf die Arbeit von Daniel Goleman. Er hat in seinem Buch »EQ. Emotionale Intelligenz« vier verschiedene Bereiche der emotionalen Intelligenz beschrieben. Diese umfassen die Wahrnehmung und das Management der eigenen Person und des entsprechenden Umfelds.

Ich werde hier nicht auf die verschiedenen Kompetenzen allgemein eingehen, sondern nur die Umsetzung in der Founders DNA beschreiben. Die Einschätzung, in welchem Bereich du deine Stärken und Schwächen siehst, überlasse ich gern dir selbst. Nebenbei erwähnt: Auch die kritische Selbsteinschätzung ist eine Fähigkeit der emotionalen Intelligenz. Aber dazu nun mehr.

Selbstwahrnehmung

Der Schlüssel zur emotionalen Intelligenz ist für mich die Selbstwahrnehmung. Du kannst hier nochmals zwischen drei Arten von Kompetenz unterscheiden:

- Die Fähigkeit, deine eigenen Emotionen zu erkennen und zu verstehen;
- die Fähigkeit, die Auswirkung deiner Emotionen auf deine Arbeitsleistung einschätzen zu können;
- die Fähigkeit, deine eigenen Stärken und Grenzen klar zu erkennen und zu respektieren.

Du siehst also, dass nur die Selbstwahrnehmung es dir überhaupt ermöglicht, deine Stärken und Schwächen zu erkennen und zu kommunizieren. Dadurch legst du die Grundlage für ein auf Stärken aufbauendes Team. Die eigene Einschätzung deines emotionalen Zustands ist im Verlauf deines Start-ups extrem wichtig. Warum?

Stell dir mal die folgenden Szenarien vor:

- Ihr seid zwei Gründerinnen und eine von euch beiden wird schwanger. Was macht ihr nun?
- Ihr seid ein Team von drei Gründern und der Optimist und Vertriebsverantwortliche ist wegen eines Scheidungsprozesses emotional nicht leistungsfähig. Wer übernimmt den bisher gut laufenden Vertrieb?
- Das Gründerteam ist ein Paar und hat nun privat Probleme. Wie könnt ihr euer Privatleben vom Start-up trennen?

Wie du dir vorstellen kannst, könnte jedes dieser möglichen Szenarien unter Umständen das Scheitern deines Start-ups bedeuten. Verhindern kannst du dies nur durch eine klare und ehrliche Selbsteinschätzung sowie durch ein gutes Selbstmanagement. Vergiss dabei nie, dass ihr als Team agiert und einander auch immer wieder kompensiert. Jeder Mensch hat seine Höhen und Tiefen im Leben und die gegenseitige Toleranz und

Unterstützung ist für den nachhaltigen Erfolg im Start-up unentbehrlich.

Selbstmanagement

Die Kompetenzen, die Daniel Goleman unter der Überschrift »Selbstmanagement« aufzählt, stehen für mich sinnbildlich für die Kultur von Start-ups und die Art und Weise der Execution, des täglichen Tuns.

Ich bin überzeugt, dass die Entscheidungen eines Start-ups – neben der erfahrungsbasierten Intuition des Teams – sehr stark auf Daten basieren sollten. Eric Ries schlägt in dieselbe Kerbe. Die Selbstkontrolle spielt dabei eine wichtige Rolle. Nur wenn du in der Lage bist, deine Emotionen den harten und belegbaren Fakten des Marktes unterzuordnen, kannst du dein Start-up effektiv führen. Du musst deutlich zwischen deiner durch Erfahrung und Emotionen voreingenommenen Überzeugung und der durch Daten belegbaren Marktrealität unterscheiden können.

Die vorhandenen Daten und Interpretationen dieser Marktrealität sollten zudem für alle Teammitglieder jederzeit einsehbar sein. Transparenz und eine fundierte Datensammlung sind die Grundlage dafür, dass Menschen überhaupt Initiative und Verantwortung übernehmen können. Mir ist schon klar, dass nicht alle Menschen gleich gut mit Transparenz umgehen können – insbesondere bei negativen Botschaften. Teilweise erzeugt das sogar Unsicherheit und Angst und führt in letzter Konsequenz zum Verlassen des Start-ups. Aber ganz ehrlich: Das ist okay!

Wer nicht mit Unsicherheit umgehen kann, sollte besser nicht in einem Start-up arbeiten.

Und das aus gutem Grund. Ein Start-up ist per Definition ein Unternehmen, das eine innovative Geschäftsidee mit hohem Wachstumspotenzial verfolgt. Also im Normalfall nichts, was in dieser Form schon gemacht wurde. Entsprechend hoch ist die Unsicherheit. Ständig musst du und dein

Team dich neuen Gegebenheiten anpassen. Einen ruhigen Zielzustand gibt es nicht. Sobald eine Hürde genommen wurde, wartet das nächste Problem auf dich. Als Start-up musst du zudem in der Lage sein, schneller und effizienter zu agieren als etablierte Unternehmen.

> ***Dein Vorteil als Start-up ist die Geschwindigkeit, kombiniert mit einer hohen Leistungsbereitschaft, Anpassungsfähigkeit und großem Optimismus.***

Dieser konstanten Belastung kannst du nur standhalten, wenn du völlig überzeugt hinter deiner Idee stehst. Ansonsten werden dich alle Kritiker – und von denen wird es genug geben – entmutigen und desillusionieren. Eine gewisse Resilienz und ein unerschütterlicher Optimismus sollten also Teil deiner DNA sein.

Soziale Wahrnehmung

Die soziale Wahrnehmung geht bei Start-ups in zwei Richtungen: die externe, also kundenorientierte, Orientierung und die interne Teamorientierung.

Die externe Orientierung umfasst insbesondere die Fähigkeit zur Empathie. Diese sollte nicht ausschließlich als zwischenmenschliche Empathie verstanden werden, sondern vielmehr als Business-Empathie. Ich empfinde die Fähigkeit, sich in die Kundinnen und Kunden, ihre Probleme und Gefühle hineinversetzen zu können, als zentral.

> ***Ein gutes Produkt lebt von der Empathie und der Emotionalität während der Anwendung.***

Dasselbe gilt für ein erfolgreiches Wachstum in Marketing und Sales. Es ist immens wichtig, den Kontext der Kundinnen und Kunden zum Zeitpunkt der Interaktion mit dem Produkt zu verstehen und dieses entsprechend anzupassen. Durch diese Denkweise ergibt sich fast naturgemäß eine sehr starke

Kundenorientierung. Gerade Product Owners, UX-Designerinnen, also Software-Entwicklerinnen und Growth Hacker, die sich um das Marketing eines Start-ups verdient machen, sollten sich diese Art der Kundenorientierung aneignen und sie täglich leben.

Aber auch intern ist Empathie eine wichtige Fähigkeit. Als Founder musst du ein Hochleistungsteam zusammenstellen. Dabei sind die offensichtlichen Fähigkeiten wichtig, aber je nach Bedürfnissen und innerer Überzeugung ist ein Teammitglied teilweise mehr oder weniger leistungsfähig. Umso wichtiger ist für Founders ein ausgeprägtes Organisationsbewusstsein. Dies ermöglicht es dir, Probleme frühzeitig zu erkennen und rechtzeitig Bedürfnisse von Co-Founders und Teammitgliedern zu befriedigen. Dadurch löst du früh Blockaden und stellst das Funktionieren deines Teams auch in schwierigeren Zeiten sicher.

Beziehungsmanagement

Das Beziehungsmanagement in einem Start-up umfasst für mich die tägliche Führungsarbeit im Team. Ich schreibe ganz bewusst »Führung«, weil sie sich deutlich vom Management unterscheidet. Führung beinhaltet eine klare Vorbild- und Förderungskultur. Denn sei dir in einem Punkt klar über deine Rolle:

> *Als Founder wirst du in deinem Start-up immer eine Führungsrolle einnehmen. In allem, was du tust.*

Egal, ob du hierarchisch eine wichtige Position einnimmst oder ob ihr eine holokratische Organisationsform, also ohne Hierarchien, lebt. Dein Wort als Founder hat immer Gewicht. Dank dir existieren Unternehmen und Arbeitsplätze überhaupt. Wenn du also eine klare Meinung zur weiteren Entwicklung des Produkts hast, wird diese immer ernst genommen. Manche Founder sind eine stete Quelle der Inspiration. Andere sind wichtige Integrationsfiguren für das Team und fördern Zusammenhalt und

Teamwork allein durch ihre natürliche Präsenz. Als Katalysator von Veränderungen im Unternehmen stützt das Founder-Team das Start-up noch lange und führt es sicher durch Erfahrung und Wissen. Mit der fortschreitenden Entwicklung deines Start-ups wirst du zudem mit Veränderungen und Konflikten – im Team oder mit Kunden – konfrontiert sein. Ich bin ein Fan einer konstruktiven Konfliktkultur im Start-up. Konflikte entstehen, sobald Menschen mit unterschiedlichen Wertesystemen zusammenarbeiten. Wenn du solche Konflikte auf Augenhöhe im Team diskutierst, verhinderst du Blind Spots, also sogenannte blinde Flecken, in deinem Start-up. Als Founder kannst und sollst du nicht alles wissen. Du bist auf den Rat und die Meinung deines Teams angewiesen. Ein konstruktiver Konflikt mit all seinen verschiedenen Positionen formt immer die bessere Lösung.

Die wichtigsten Eigenschaften eines guten Founder sind Empathie, Selbstreflexion, Anpassungsfähigkeit und Resilienz.

Die vier Start-up-Kompetenzen

Der Begriff »Kompetenz« beinhaltet für mich gleich mehrere wichtige Aspekte in einem Start-up. Zum einen bedeutet Kompetenz, eben das Fachwissen zu besitzen. Zum anderen aber auch eine klare Verantwortung in der Kompetenz. Ich verwende den einfacheren Begriff der Kompetenz, um auch hier eine bessere Orientierung zu schaffen. Klar, die Bereiche sind eher Kompetenzfelder als eine einzelne Kompetenz. Aber durch Vereinfachung schaffe ich auch Klarheit. Wenn du ein Start-up aufbauen möchtest, dann brauchst du die folgenden, grundlegenden Kompetenzen in deinem Start-up-Team:

Markt
Diese Kompetenz umfasst alle Fähigkeiten, die nötig sind, um am Markt erfolgreich tätig zu werden. Du musst in der Lage sein, deine zukünftigen Kundinnen und Kunden zu erkennen, zu verstehen und ansprechen zu können. Fähigkeiten wie Empathie, Verkauf, Storytelling, Branding oder Growth Hacking fallen in diesen Bereich.

Geschäftsmodell
Die Entwicklung eines nachhaltig erfolgreichen Geschäftsmodells sollte auf der Basis von evidenzbasierten Daten schrittweise erfolgen. Klar sind viele Grundelemente wie Werteflüsse oder Kostenstrukturen weitgehend bekannt. Der Innovationscharakter eines Start-ups resultiert aber immer in einer neuartigen Kombination des Geschäftsmodells. Annahmen mit Thesen und Experimenten in beweisbares Wissen umzuwandeln ist – besonders in den ersten Lebensjahren eines Start-ups – eine extrem wichtige Kompetenz. Das reicht von gezielten Wachstumsexperimenten am Markt über die Belegung von Thesen im Problem Solution Fit bis zur Steuerung der Produktentwicklung auf der Basis des Kundenverhalten.

Technologie
Ein Start-up besteht – gerade im digitalen Umfeld – zu einem großen Teil aus Technologie. Die zukünftige Wertschöpfung deines Start-ups basiert auf Automation, Daten und Technologie. Fähigkeiten wie weltweit verteilte Entwicklung, Systemarchitektur, Cloud Computing oder Continuous Integration, um dadurch die Steigerung der Softwarequalität zu erreichen, muss dein Start-up nachhaltig verstanden haben.

Produkt
Last but not least umfasst diese Kompetenz alle Fähigkeiten, um deine Idee zu einem gereiften Produkt zu entwickeln. So muss ein Produkt so einfach wie möglich das formulierte Kundenproblem lösen. Eine einfache Lösung zu kreieren bedingt eine klare Vision und eine konsequente Vereinfachung.

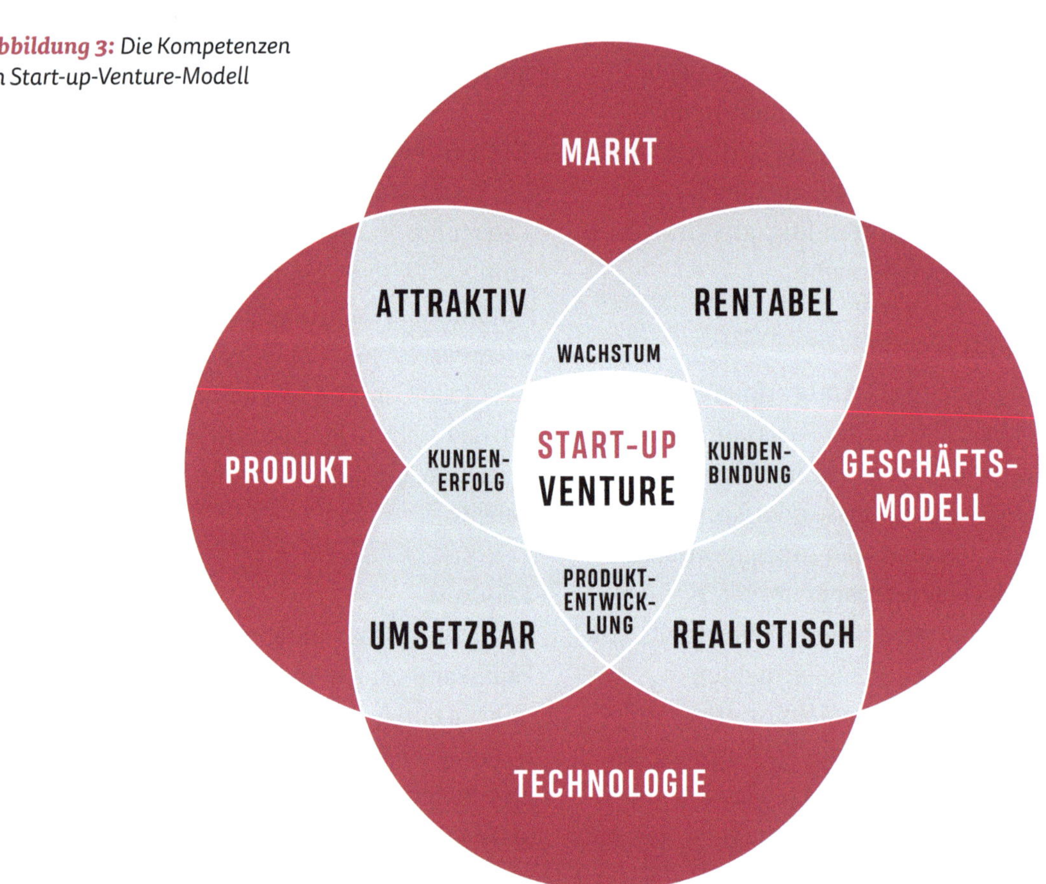

***Abbildung 3:** Die Kompetenzen im Start-up-Venture-Modell*

Paradox ist ja, dass komplexe Produkte einfach sind und einfache schwierig. Die Entwicklung eines Produktes ist auch nie fertig. Wir reden hier ja nicht von einem Projekt. Ein Produkt benötigt konstante Verbesserung und Wartung, um am Markt bestehen zu können.

Spannend wird es nun, wenn wir die vier Kompetenzen in einem Venn-Diagramm in Verbindung zueinander bringen.

Wie du siehst, entstehen durch die Venn-Anordnung der vier Kompetenzen insgesamt neun Überlappungen. Diese Überlappungen sind der Ort, wo in einem Start-up die Magie stattfindet. Mit jeder zusätzlichen Kompetenz pro Überlappung steigert sich der Reifegrad deines Start-ups. Einfach ausgedrückt:

> *Je mehr Kompetenzen in deinem Start-up erfolgreich zusammenarbeiten, umso näher kommst du dem Product Market Fit, also dem perfekten, marktgerechten Produkt.*

Wenn wir nun die Visualisierungen der Kompetenzen und der Phasen kombinieren, wird die vorherige Aussage erst richtig erkennbar. Als erfolgreicher Founder benötigst du nicht nur alle vier Grundkompetenzen in ausreichendem Umfang. Das wäre ja zu schön, um wahr zu sein. Nein, es geht um das Zusammenspiel aller vier Kompetenzen in deinem Start-up-Team. In dem Moment, wenn deinem Team das Zusammenspiel von Markt-, Produkt-, Technologie- und Geschäftsmodellkompetenzen ins Blut übergegangen ist, ist dein Start-up bereit für das, was auf den Product Market Fit folgt, nämlich das erfolgreiche Wachstum.

> *Als Founder musst du dir der vier grundlegenden Kompetenzen bewusst sein und Schwächen im Team kompensieren. Dann entwickelst du den Problem Solution Fit mit Fokus auf die doppelten Überschneidungen. Und schlussendlich folgt der Product Market Fit durch die erfolgreiche Umsetzung der dreifachen Schnittbereiche der einzelnen Kompetenzen.*

Abbildung 4: *Das Start-up-Venture-Modell mit den einzelnen Lebensphasen eines Start-ups*

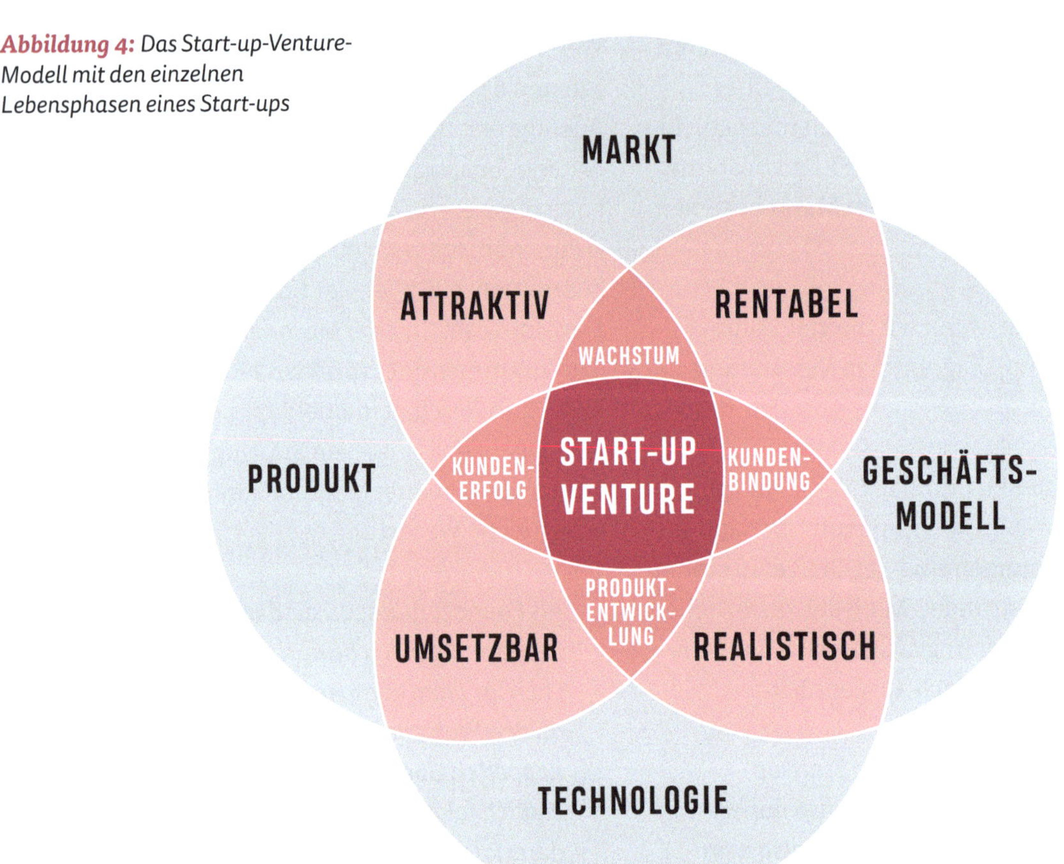

Und das garantiere ich dir: Wenn du erfolgreich im Zentrum des Start-up Venture angelangt bist, das heißt, wenn alle vier Kompetenzen Hand in Hand arbeiten, dann bist du mit deinem Start-up auf Erfolgskurs!

Team-Kompetenzen

Die vier Kompetenzen habe ich bereits kurz beschrieben. Im Founder's Fit zeige ich dir eine erste praktische Anwendung des Kompetenzmodells. Die wenigsten Founders können alle vier Kompetenzen in genügendem Umfang und ausreichender Tiefe besitzen, um den Ansprüchen in einem Start-up gerecht zu werden. Tatsächlich lassen sich die Founder-Teams sehr oft in eine dieser zwei Kategorien einstufen:

- Red Founders: Visionäre Teams, die ein klares Kundenproblem adressieren, aber keine technische Lösung haben.
- Blue Founders: Technologiebasierte Teams, die eine technische Lösung haben, aber das Kundenproblem dazu suchen.

Meiner Meinung nach kann man schon beim Ursprung des Start-ups die Unterschiede bei beiden Gruppen erkennen. Red Founders beginnen beim konkreten Kundenproblem und arbeiten sich dann am Markt entlang zum Produkt vor, während Blue Founders schon mit einer Produkt- beziehungsweise Technologie-Idee starten. Beide Ansätze sind völlig in Ordnung, solange du dir bewusst bist, in welchem Team du spielst. Wenn du nun ein Red oder ein Blue Founder bist, dann fragst du dich sicherlich, wie du die fehlenden Kompetenzen ergänzen kannst. Schnittstellenfunktionen wie beispielsweise die einer UX-Designerin als Brückenbauerin zwischen Markt und Technologie sind unverzichtbar. Oder ein Entwicklungsleiter, der die Produktverantwortliche und den Verkäufer gleichermaßen versteht. Oft sind es interdisziplinäre Menschen, die sich in unterschiedlichen Fachgebieten gut auskennen, ja

Abbildung 5: *Red Founders beginnen beim konkreten Kundenproblem und suchen dann eine Lösung, während Blue Founders bereits eine Lösung haben und nun den Marktzugang suchen.*

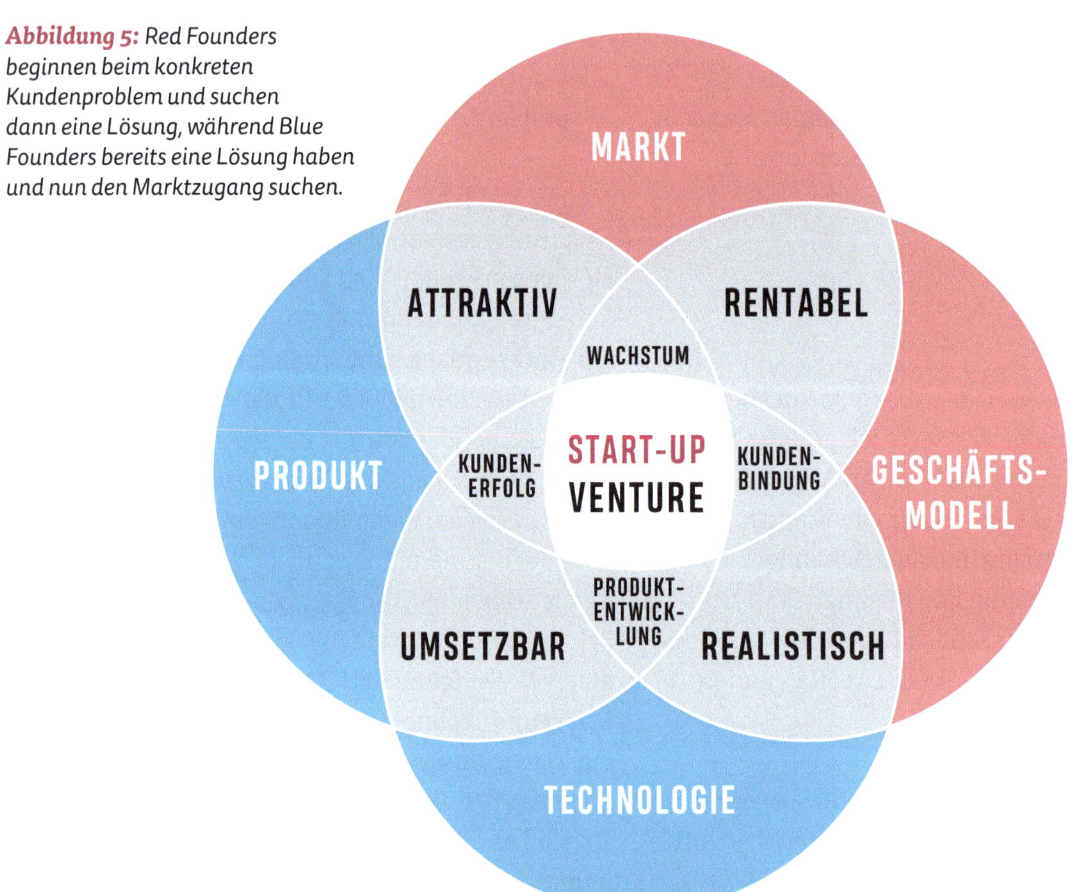

teils sogar Generalisten, also Menschen, die über ein sehr breites Wissen verfügen, um ein Start-up entscheidend weiterzubringen.

Die richtigen Menschen finden

Dein Team mit Menschen zu ergänzen, die das Start-up weiterbringen, ist eine deiner schwierigsten Aufgaben. Insbesondere dann, wenn du die Fähigkeiten von Bewerberinnen und Bewerbern nicht richtig einschätzen kannst. Das kann beispielsweise der Fall sein, wenn du selbst keine technische Ausbildung hast und eine Entwicklerin anstellen möchtest. Ich verrate dir hier einen einfachen Kniff, wie du alle Team-Kompetenzen trotzdem zuverlässig besetzen kannst. Es ist eigentlich sehr einfach:

> *Stelle Menschen an, die Verantwortung und Initiative für einen Kompetenzbereich deines Start-ups übernehmen.*

Klingt einfach, oder? Du brauchst dazu nur zwei verschiedene Dinge: eine Übersicht über die verantwortlichen Tätigkeiten, die in deinem Start-up anfallen, und Menschen, die diese Verantwortung bereits einmal in ihrer Karriere erfolgreich übernommen und entsprechend Erfahrung damit haben. Ich gehe selten auf konkrete Fähigkeiten ein, sondern suche gleich Teammitglieder für einen ganzen Bereich. Beispielsweise könnte das jemand sein, der für den Bereich »Wachstum« im Product Market Fit tätig sein wird.

In deinem Stelleninserat schreibst du deine Stelle deshalb folgendermaßen aus:

> *Idealerweise hast du schon eine konkrete verantwortliche Tätigkeit in einem bereits länger bestehenden Unternehmen und/oder konkrete Verantwortung für ein ähnliches Start-up, wie wir es sind, übernommen und aufgebaut.*

Hier ein konkretes Beispiel, wie eine Verantwortung für ein Teammitglied für dein Wachstum aussehen könnte:

> *Idealerweise hast du in einem B2B-Software-as-a-Service (SaaS)-Start-up den Bereich für nachhaltiges Wachstum und das Growth Hacking verantwortet und aufgebaut.*

Du sprichst damit Menschen an, die sowohl die Verantwortung als auch Initiative übernehmen wollen. Also selbstständige und motivierte Teammitglieder anstelle von Menschen, die Struktur und Anweisungen brauchen. Diese würdest du mit einer klassischen Stellenbeschreibung auch anziehen. Deshalb hier ein Beispiel, wie ich es nicht mehr machen würde:

> *Aufbau und Weiterentwicklung der digitalen Kundenkommunikation: von Marketing-Automatisierung, Newsletters, Landingpages bis hin zu Social-Media-Kampagnen, Erstellung von Content für unseren Content Hub, Social Media, aber auch die interne Kommunikation, Weiterentwicklung der bestehenden Website.*

Anstelle eines offenen Feldes mit Raum für Initiative wird der Rahmen der Tätigkeit bereits klar abgesteckt. Gedanklich setzt sich jedes potenzielle Teammitglied mit der spezifischen Ausführung und Optimierung der genannten Punkte auseinander, anstatt selbstständig zu entscheiden, was das Start-up wirklich weiterbringt. Wenn du also Menschen suchst, die dich weiterbringen sollen, dann sprich mit ihnen über deine Ziele und deine Mission und nicht über die inhaltliche Arbeit.

Im Gespräch verwende ich die folgende Fragestellung, um herauszufinden, ob der Bewerber oder die Bewerberin theoretische oder praktische Erfahrung mitbringt:

> *Gib mir bitte ein Beispiel aus deiner bisherigen beruflichen Vergangenheit, wo du eine konkrete verantwortliche Tätigkeit in einem Start-up übernommen hast. Was hast du da tatsächlich selbst gemacht?*

Wenn die Person nun allgemeine Theorien aufzählt, dann lieber Finger weg! Sie sollte konkrete Erfahrungsberichte und Hands-on-Erkenntnisse schildern, die aus der Praxis kommen. Wen hättest du lieber als Wegbegleiterin auf deinem Abenteuer? Eine Person, die das dir unbekannte Land schon bereist hat oder eine, die ebenso wenig Erfahrung aufweisen kann? Eben.

> **Klar, alle Start-ups suchen Menschen mit Erfahrung. Eine richtiggehende Rarität und kaum zu finden. Stelle aber trotzdem nie unerfahrene Menschen für tragende Rollen ein. In den achtzehn Monaten Lebensdauer eines Investitionszyklus bleibt dir einfach keine Zeit zur praktischen Ausbildung.**

Die Start-up-Kultur

Start-up-Kultur und Werte werden leider oft massiv unterschätzt und vernachlässigt. Dabei ist ein Unternehmen nachhaltig nur dank einer für Start-ups passenden Kultur erfolgreich. Einen wichtigen Teil dieser Kultur habe ich bereits aufgegriffen: die konkrete Übernahme von Verantwortung und Initiative in den jeweiligen Rollen des Start-ups. Damit dies auch wirklich passiert, sind einige Rahmenbedingungen notwendig. Ich habe in Abbildung 6 eine kleine Charta dazu geschrieben, die ich dir gerne ans Herz legen möchte.

START-UP-KULTUR

Absolute Transparenz

Kundenfokus

MUT

Radikaler Teamfokus

Eigeninitiative

NICHTS IST VERBOTEN

Erreichtes statt Verpasstes

Selbstverantwortung

Fehlerkultur?

Neugierde

DATEN statt MEINUNGEN

Abbildung 6: *Die Umsetzung der Werte auf dieser Charta ist schwieriger, als es auf den ersten Blick aussieht.*

Die Umsetzung der Werte auf dieser Charta ist schwieriger, als es auf den ersten Blick aussieht. Absolute Transparenz kann für viele Menschen belastend sein. Nimm als Beispiel den Umstand, dass dein Start-up vielleicht nur noch Geld für drei Monate hat. Wie reagiert dein Team auf diese Tatsache, nachdem es von dir darauf angesprochen worden ist? Im besten Fall mit Initiative, um mehr Geld im Fundraising beschaffen zu können. Der UX-Designer macht die Website noch ein wenig besser, im Produkt werden wichtige Marktfunktionen höher priorisiert, und die CTO hilft durch ihre Expertise mit, neue Investorinnen zu überzeugen. Im schlechtesten Fall ist dein Team wie gelähmt und kann nicht mehr funktionieren. Als Founder musst du aber jederzeit optimistisch bleiben (siehe Founders DNA). Und denk immer dran, was der legendäre Ökonom Peter Drucker gesagt hat:

»Kultur frisst die Strategie zum Frühstück.«

Nicht zu unterschätzen ist der Satz »Nichts ist verboten«. Kaum ein Umstand lähmt ein Unternehmen mehr, als wenn Founders jede Entscheidung selbst treffen wollen. Und noch schlimmer, sich dabei immer auf Meinungen und nicht Daten abstützen. In den Start-ups, die ich mitgestalten darf, dürfen grundsätzlich alle alles. Es sei denn, es schadet nachweislich dem Unternehmen. Dadurch fällt das Vetorecht der Founder weg und wird zur geschätzten Beratung. Die Mitarbeitenden können selbst Initiative ergreifen und beginnen, das Start-up mitzugestalten. Ein Effekt der jederzeit gewünscht ist, aber aufgrund der Egos der Founders oft nicht eintritt. Also, gib deinen Mitarbeitenden die Freiheit, selbst zu entscheiden. Führe dein Unternehmen basierend auf klaren Verantwortlichkeiten und Zielen und nicht auf der Basis deiner eigenen Willkür. Feiere die Erfolge deines Team und stütze sie bei gemachten Fehlern. Es sind ihre Erfolge und deine Fehler. Dein Team macht schlussendlich dich als Founder erfolgreich und nicht umgekehrt.

Das 6/2-Prinzip

Als Founder wirst du immer wieder in Situationen kommen, wo du dich wie im Hamsterrad fühlst. Das Tagesgeschäft überwältigt dich. Du arbeitest fünfzehn Stunden und kommst strategisch trotzdem nicht vorwärts. Vor lauter Alltagsgeschäften siehst du kein Land mehr und kannst dich nicht um die wirklich wichtigen und dringenden Arbeiten kümmern. Du fühlst dich eingeengt und beklemmt. Anstrengende Arbeiten verschiebst du in die Zukunft und widmest dich lieber den schnellen Erfolgen. Nimm diese Symptome ernst. Denn wenn du als Founder ausfällst, dann ist der Fortbestand deines Start-ups stark gefährdet.

Die gute Nachricht ist, dass du das vermeiden kannst. Die schlechte, dass das beschriebene Gefühl immer wieder kommt. Es gibt aber ein Prinzip, um dieses Problem in den Griff zu bekommen: Das 6/2-Prinzip. Es ist im Grunde genommen sehr einfach und ähnlich wie viele Prinzipien, die du wohl schon kennst. Nur ein wenig konkreter. Angenommen, du hast pro Tag maximal acht Stunden Arbeitszeit zur Verfügung. Das 6/2-Prinzip hilft dir, aus diesen acht Stunden das beste Ergebnis herauszuholen.

> *Sechs Stunden fokussierst du dich auf das Wichtige und zwei Stunden auf das Alltägliche.*

Deine Kund(inn)en, Investor(inn)en oder andere Mitmenschen werden das nicht toll finden. Aber hey, wenn dein Start-up scheitert, dann wird auch dieser Umstand zur Nebensache. Also, wie gehst du vor?

1. Schreibe dir auf, für welche Bereiche in deinem Start-up du verantwortlich bist.
2. Entscheide, welche dieser Verantwortungen im Moment für dein Start-up überlebenswichtig sind.
3. Schreibe die überlebenswichtigen Verantwortungen auf und setze dir für heute ein erreichbares Ziel in diesem Bereich.

Abbildung 7 zeigt ein Beispiel, wie das 6/2-Prinzip geplant werden könnte.

6 STUNDEN

Was ist strategisch?

VERANTWORTUNG

MEIN ZIEL HEUTE

Finanzierung

10 neue Investor:innen mit unserem Pitch Deck kontaktieren

2 STUNDEN

Was fordert der Alltag?

VERANTWORTUNG

MEIN ZIEL HEUTE

Kunden-bindung

Ich mache heute einen Kunden zufrieden

Abbildung 7: *Sechs Stunden fokussierst du dich auf das Wichtige und zwei Stunden auf das Alltägliche.*

4. Schreibe die alltäglichen Verantwortungen auf und setze dir auch da ein erreichbares Ziel.

Erst danach startet dein Tag. Klar, zu Beginn wird das aufgrund von bereits vereinbarten Terminen kaum so möglich sein. Trotzdem solltest du damit starten. Deine Planung der folgenden Tage und Wochen ändert sich ab dem Moment, in dem du deinen Fokus klar definiert hast. Immer dann, wenn du eine Anfrage für eine Arbeit oder einen Termin vor dir hast, stelle dir die Frage: »Ist dieses Meeting wirklich strategisch relevant?« Wenn nicht, dann muss es in den zwei Stunden stattfinden. Wenn da keine Zeit mehr vorhanden ist, dann verschiebt es sich halt weiter in die Zukunft. Das klingt sehr einfach, ist es aber natürlich nicht. Die meisten deiner beruflichen Kontakte haben andere Prioritäten, als die, die du dir soeben gesetzt hast. Entsprechend werden sie – ohne böse Absichten – versuchen, deine Prioritäten zu verändern. Gehe mit diesen Einwänden bitte ganz bewusst um und entscheide auf der Grundlage deiner Prioritäten.

Das Ziel des 6/2-Prinzips ist es, dir Fokus in deinem Tun zu verschaffen.

Fokus ist der Schlüssel zur persönlichen Balance des Founders im Auge des Sturms namens Start-up. Finde deine eigene Methode, um zu erkennen, wann du den Fokus verlierst und was du persönlich brauchst, um wieder zur Ruhe zu finden. Nur so kannst du maximale Effektivität an den Tag legen. Und die ist gefragt.

Checkliste

- ☐ Welche Kompetenzen hast du selbst und welche hat dein Team?
- ☐ Welche Kultur und Werte sind dir persönlich wichtig? Welche übernimmst du in dein Start-up?

HAVE A PROBLEM WORTH SOLVING ...

DER PROBLEM SOLUTION FIT

In a Nutshell

Im Problem Solution Fit stellst du dir als Founder eine nachvollziehbare Datenbasis für dein geplantes Geschäftsmodell zusammen. Du erarbeitest alle Grundlagen in den Bereichen Markt, Geschäftsmodell, Technologie und Produkt. Diese Grundlagen bauen allesamt auf der Umsetzung eines Minimum Viable Product, kurz MVP, am Markt auf. Reale Kund(inn)en, reale Umsätze und entsprechend reale Erkenntnisse.

Die Erarbeitung des Problem Solution Fit kannst du als Kreislauf einfach nachvollziehen. Starte mit der Attraktivität deiner Lösungsidee. Diese kannst du rasch und unkompliziert durch Interviews oder einfachen Prototypen eruieren. Arbeite dich dann von dort aus in mehreren Wiederholungen, sogenannten Iterationen, zur notwendigen Verständnistiefe für deinen Markt und dein Geschäftsmodell vor. Entwickle deinen Problem Solution Fit bitte nicht sequenziell Bereich nach Bereich, sondern

Abbildung 8:
Die Entwicklung des Problem Solution Fit kann als Kreislauf visualisiert werden.

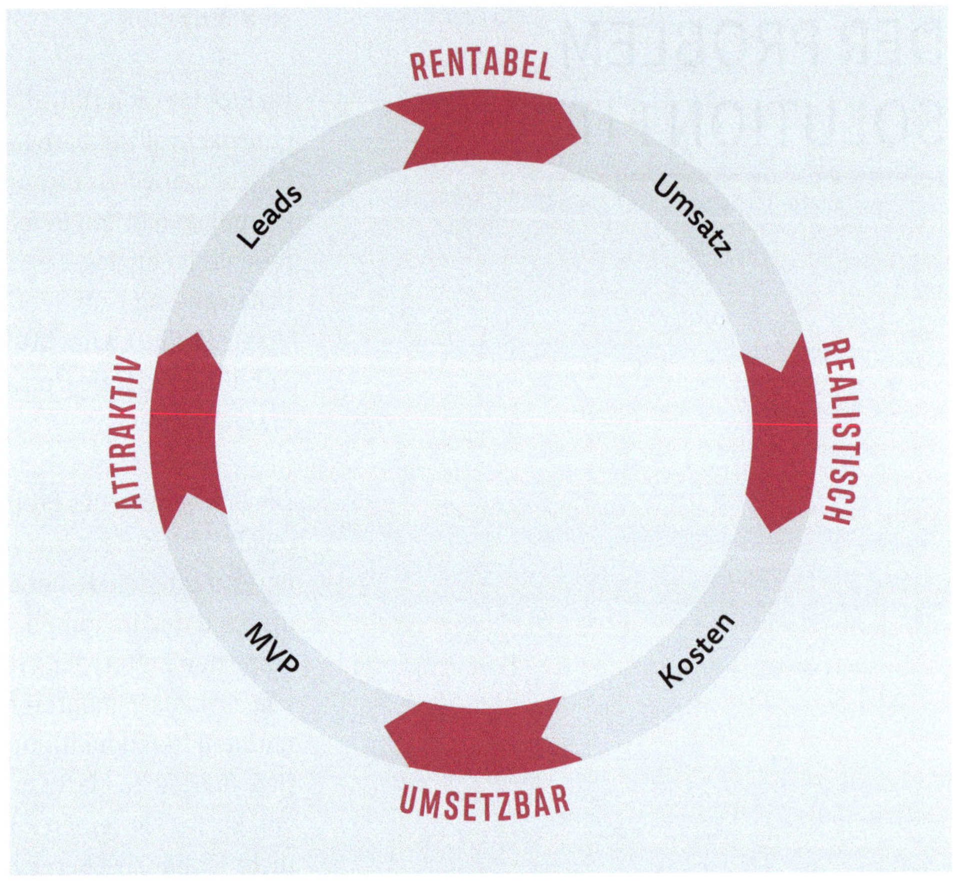

in kleinen Schritten in jedem Bereich gleichzeitig und mit dem Verständnis der Zusammenhänge. Als Visualisierung bietet sich hier ein Kreislauf an (Abbildung 8). Die einzelnen Bereiche im Kreislauf enthalten immer eine konkrete Fragestellung, die im Problem Solution Fit relevant ist:

Attraktiv: Wähle ein klares Kundenproblem und definiere eine mögliche Lösung. Teste diese Lösung direkt am Markt und kreiere klares Interesse durch den Aufbau von Leads, also qualifizierten Kontakten mit potenziellen Kunden. Interessierte beweisen, dass eine Lösung für den Markt attraktiv zu sein scheint.

Rentabel: Evaluiere, ob du diese Leads in genügendem Maße zu zahlenden Kund(inn)en entwickeln kannst. Reine Absichtserklärungen sind hier nicht genug. Du benötigst effektiv zahlende Kund(inn)en.

Realistisch: Das Geschäftsmodell deines Start-ups muss absehbar rentabel sein. Berechne hier die Investitionskosten und die zukünftige Rentabilität deines Geschäftsmodell.

Umsetzbar: Oft sind innovative Ideen auch technologisch eine Herausforderung. Beweise in dieser Phase, dass deine Idee effektiv umsetzbar und nicht nur eine Träumerei ist.

A Problem worth solving

Der Problem Solution Fit ist die erste Phase, in der sich ein Start-up am Markt beweisen muss. Der Begriff »A Problem worth solving« trifft den Nagel auf den Kopf. Wann ist die Lösung eines Problems so wertvoll, dass ein Unternehmen dafür aufgebaut werden sollte?

Viele Founder meinen an dieser Stelle, es gehe bereits um die Produktentwicklung und um den möglichst effizienten Verkauf eines Produktes. Das ist aber überhaupt nicht so!

Es geht ausschließlich um das Lernen am Markt und beweisen der bisherigen Annahmen.

Als Start-up im Problem Solution Fit geht es also primär darum, deine Annahmen durch Wissen zu belegen. Es ist wie bei einer Reise. Nur durch das Lesen von Reiseberichten anderer kennst du das Land trotzdem nicht wirklich. Du hast eine ungefähre Ahnung, aber das Land wirklich kennenlernen wirst du erst, wenn du deiner Fantasie Realität gegenüberstellst. Dabei wirst du feststellen, dass deine Idee und deine Überzeugung nur einen Bruchteil der Realität ausmachen. Du bist nicht allwissend und nicht repräsentativ für den Markt. Auch wenn es teilweise so aussieht, als würden andere Founders nur die eigenen Visionen realisieren und so erfolgreich sein, gelingt das nur den wenigsten. Der überwiegende Teil der Founders muss sich den Erfolg hart und strukturiert erarbeiten.

Ich gebe dir in den nachfolgenden Kapiteln eine Orientierungshilfe und schlage konkrete Handlungsempfehlungen vor, wie du den Problem Solution Fit erreichen kannst. Das Start-up-Venture-Modell dient dir dabei als Vorlage.

Der Problem Solution Fit findet in den Überlappungen von jeweils zwei Kompetenzen statt.

Attraktiv: Wie interessant ist die Lösung für den Markt? Besteht eine Nachfrage für meine Lösung?

Rentabel: Ist der Markt in genügendem Umfang bereit, für meine Lösung zu zahlen?

Realistisch: Ist ein Unternehmen, das die Lösung bereitstellt, langfristig überlebensfähig?

Umsetzbar: Ist die Lösung technologisch überhaupt machbar?

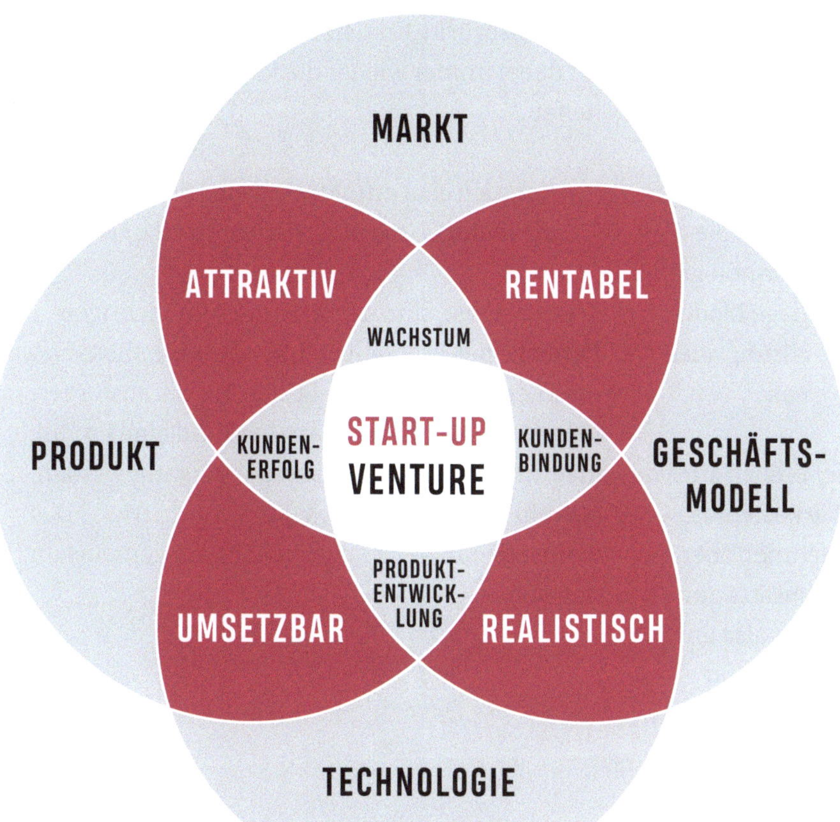

Abbildung 9: *Das Start-up-Venture-Modell kann dir als Vorlage dienen. Der Problem Solution Fit findet in den einzelnen Überlappungen zwischen zwei Kompetenzen statt.*

Hier sind einige Beispiele zur Verdeutlichung:

- Um herauszufinden, ob ein Problem technologisch realisierbar ist, brauchst du die Produktvision (Produktkompetenz) und ein genügend tiefes, technisches Verständnis (Technologiekompetenz). Aktuell werden viele Technologien gehypt. Ob aber AI und Large Language Models die richtige Technologie für deine Lösungsidee darstellt, musst du erst noch beweisen.

- Deine Lösung wird höchstwahrscheinlich attraktiv für den Markt sein, wenn du sie kostenlos anbietest. Dann wird dein Unternehmen aber nicht lebensfähig sein, da dir die Umsätze zur Deckung der Kosten fehlen. Du musst also am Markt austesten, was deine Kundinnen und Kunden zu bezahlen bereit sind. Da du aber noch kein Produkt hast, bleibt dir nur der Weg über ein gezieltes Experiment am Markt. Beispielsweise mit einem Sell-before-you-build-MVP. Dazu später mehr.

Als Eselsbrücke für den Problem Solution Fit kann dir dabei immer wieder die folgende Fragestellung helfen:

> ***Kann ich eine attraktive Lösung entwickeln, die rentabel und realistisch umsetzbar ist?***

Wie du siehst, sind darin bereits alle wichtigen Bereiche des Problem Solution Fit enthalten. So weit die Theorie. Für dich stellt sich die Herausforderung jedoch viel komplexer dar. Wie kann eine Produktidee am Markt getestet, ja sogar verkauft werden, obwohl das Produkt noch gar nicht existiert? Das werden wir in den nächsten Kapiteln gemeinsam angehen.

Viele Pivots, also Richtungsänderungen, von Start-ups können auf einen schlecht validierten Problem Solution Fit zurückgeführt werden. Nur ein gründlich durchgeführter Problem Solution Fit ist eine gute Grundlage für ein Start-up. Also sei nicht zu verliebt in deine eigene Idee!

Das richtige Lernen

Bevor wir aktiv in die praktische Phase einsteigen, möchte ich noch ein paar Worte zum richtigen Lernen verlieren. Richtiges Lernen ist nicht so einfach, wie es klingt. In einem Start-up musst du im Problem Solution Fit gezielt Wissen und Beweise für deine Ideen kreieren. Deiner leidenschaftlichen Idee musst du also nüchterne Fakten entgegenstellen können. Wenn du »Lean Start-up« von Eric Ries gelesen hast, stellt dieses Kapitel für dich eher eine Wiederholung dar. Eines der Schlüsselprinzipien von »Lean Start-up« ist nämlich der Lernzyklus: das bewusste Lernen am Markt.

Wichtig beim Lernzyklus sind die in Abbildung 10 dargestellten Schritte. Verinnerliche sie für deine zukünftige Tätigkeit als Founder. Beginnen wir aber von vorn.

Dokumentieren

Ein wichtiger Schritt, der gerne vergessen wird, ist die saubere Dokumentation. Ich beginne immer an diesem Punkt bei Start-ups, die ich begleite. Die Dokumentation meines Wissens (Was weiß ich?) und meiner Annahmen (Was denke ich zu wissen?) ist ein wichtiger Prozess, um meine eigene Voreingenommenheit gegenüber Start-up-Ideen rational auszublenden. Stell dir diesen Teil wie ein Reisetagebuch dar. Du kannst auch noch Wochen später deine Erkenntnisse wieder studieren und so aus deinen Erfahrungen neues Wissen kreieren.

Ebenso stellt das saubere Dokumentieren der gemessenen Daten und der daraus abgeleiteten Erkenntnisse das organisatorische Lernen des Start-ups sicher. Ein Umstand, den viele Founders gerne vergessen: Es kommen im Verlauf des Aufbaus immer wieder neue Teammitglieder ins Start-up, und die sollten auch über die bisherigen Erkenntnisse Bescheid wissen. Im weiteren Verlauf der Start-up-Entwicklung verändert sich die Dokumentation schrittweise zu einem Dashboard der wichtigsten konkreten Leistungskennzahlen, kurz KPI, des Start-ups.

Bauen

Das Minimum Viable Product, aber auch das spätere Produkt, wird auf der Basis von Annahmen und Experimenten entwickelt. Ein Experiment im MVP kann beinhalten, dass Attraktivität und Zahlungsbereitschaft unter Beweis gestellt werden. In der Produktentwicklung kann beispielsweise eine Annahme über die Nutzenmaximierung im Vordergrund stehen. Die Entwicklung des Produkts muss in Iterationen, also konstanten Wiederholungen, geplant werden. Dadurch kann das Risiko einer massiven Fehlinvestition in ein falsches oder zu perfektes Produkt schon in einer frühen Phase des Start-ups abgewendet werden.

Messen

Die quantitative Messung der Experimente ist fast noch wichtiger als das Bauen. Oft habe ich

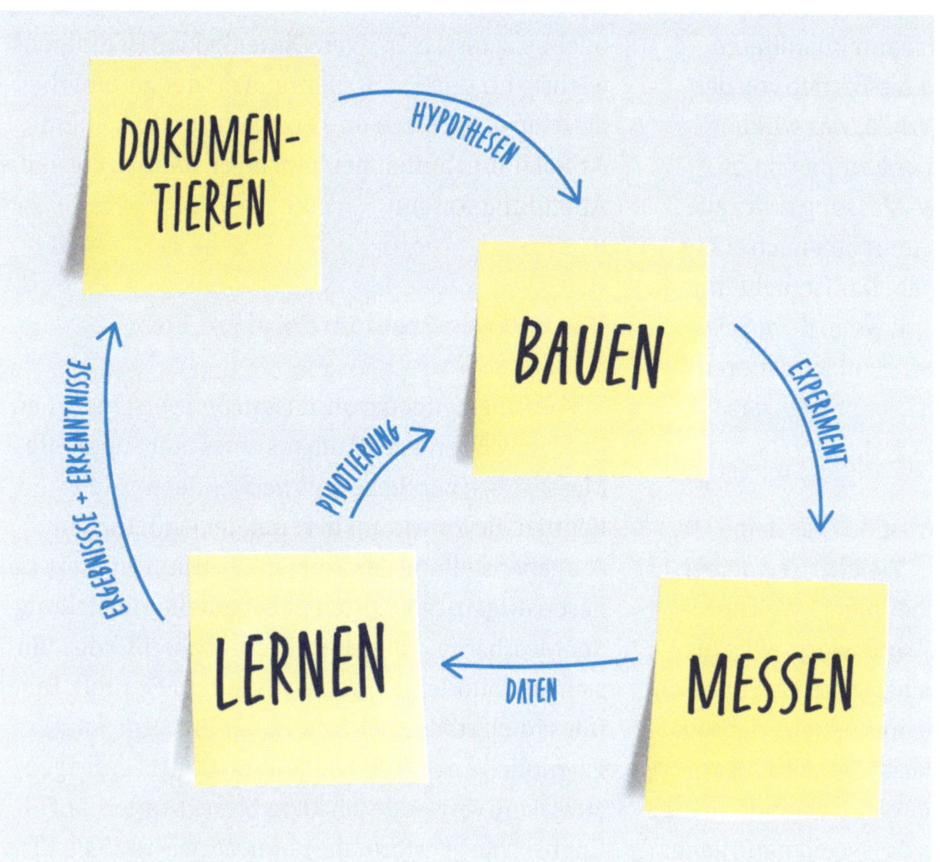

Abbildung 10: *Wichtig beim Lernzyklus sind die hier dargestellten Schritte. Verinnerliche sie für deine zukünftige Tätigkeit als Founder.*

eine Lösung mitgestaltet, um dann im weiteren Verlauf beziehungsweise im Live-Betrieb von den Kundinnen und Kunden zu lernen, was wirklich funktioniert und was nicht. Denk immer daran: »Du bist nicht der Markt!« Die Messung sollte alle relevanten Daten umfassen, um später auch echte Erkenntnisse daraus abzuleiten. Das ist nicht immer einfach. Habe aber keine Angst, wenn du einmal etwas nicht gemessen hast. Fehlschläge gehören auch hier zum konstruktiven Lernprozess dazu.

Lernen

Aus deinen Experimenten lernst du, was deine Kund(inn)en wirklich bewegt: Welcher Teil deiner Lösung ist interessant? Welcher nicht? Welche Probleme bestehen wirklich? Und wie groß ist die Zahlungsbereitschaft? Möglicherweise hast du noch kein zufriedenstellendes Ergebnis erzielt oder sogar Messfehler erzeugt und du musst dein Produkt pivotieren, also in einer Art und Weise verändern, die mehr Erfolg verspricht. Auch das ist ein natürlicher Vorgang und kostet schlimmstenfalls Zeit und/ oder belastet das Budget. Dieser Zyklus ist eminent wichtig für den Erfolg während deiner gesamten Start-up-Zeit. Wenn du also ein Poster in deinem Arbeitsraum aufhängen möchtest, dann sollte es die Abbildung 10 sein.

Die KPI des Problem Solution Fit

Ich bin überzeugt davon, dass in den verschiedenen Phasen während des Aufbaus eines Start-ups klare Messgrößen zur Steuerung verwendet werden können. Bevor wir uns also mit der eigentlichen Aufgabenstellung des Problem Solution Fit im Detail beschäftigen, möchte ich näher auf die Herstellung der Messbarkeit eingehen. Denn ich weiß, wie man sich als Founder im Problem Solution Fit fühlt. Du fragst dich ständig: »Wann ist der Problem Solution Fit endlich erreicht?« Um diesem Gefühl entgegenzuwirken, verwende ich klare Messkriterien, auf Englisch Key Performance Indicators, kurz KPI. Klar, diese KPI verändern sich je nach Phase, in der sich dein Start-up gerade befindet. Deshalb gibt es in diesem Buch jeweils ein eigenes KPI-Kapitel für den Problem Solution Fit und für den Product Market Fit.

Bevor wir in die KPI einsteigen, nochmals zur Erinnerung, was der Problem Solution Fit genau ist: Es ist der praktische Beweis, dass deine Produktidee als Grundlage für ein überlebensfähiges Unternehmen dienen kann. Entsprechend orientieren sich die Problem-Solution-Fit-KPI genau an dieser Definition. Ich nenne den praktischen Beweis gerne auch Markttraktion, also den quantitativen Beleg für die Kundennachfrage. Um für Investorinnen als Start-up in der marktorientierten Welt interessant zu sein, musst du Traktion am Markt aufweisen. Klar, es gibt auch Investoren, die dazu bereit sind, schon in einen Businessplan oder sogar nur in eine Idee zu investieren. Diese haben aber oft ideologische Gründe, die nicht rational sind. Ich persönlich mache den Unternehmenswert bei einem marktorientierten Start-up direkt abhängig von der erzielten Traktion am Markt.

Wenn du also Finanzierungsrunden zu einer höheren Bewertung durchführen möchtest, geht das nur über den Markterfolg. Wie viel Traktion, also Umsatz, für einen entsprechenden Unternehmenswert angemessen ist, ist abhängig von Branche, Markt und Potenzial des Start-ups. Deshalb verzichte ich auf die Auflistung von absoluten Messwerten als Empfehlung. Für Founders viel wichtiger ist die nachvollziehbare Herleitung der angestrebten Messwerte. Ein auf Werbung basiertes Modell muss beispielsweise Tausende interessierte Nutzende aufweisen können, während ein teures B2B-Software-as-a-Service (SaaS)-Start-up mit zehn Kund(inn)en schon sehr gut dastehen kann. Wie sehen aber nun die minimalen KPI im Problem Solution Fit aus? Sie sind im Prinzip sehr einfach und entsprechen den einzelnen bereits erwähnten Phasen im Start-up-Venture-Modell:

Phase	KPI	Beschreibung
Attraktiv	Anzahl Leads	Die Attraktivität lässt sich am einfachsten durch einen Smoke Test belegen. Dabei kannst du gezielt für deine Zielgruppe Werbung betreiben. Die Anzahl der Leads kannst du dann beispielsweise mit den gewonnenen Anmeldungen zum Newsletter (Subscriber) oder Social-Media-Followers messbar machen. Qualitative Aussagen aus Interviews sind aus meiner Sicht nur für die Entwicklung des Problem Solution Fit und nicht als KPI verwendbar.
Rentabel	Anzahl zahlende Kund(inn)en	Einer der wichtigsten Indikatoren sind zahlende Kundinnen und Kunden. Im B2B-Umfeld sind das erste Projekte, die im Auftrag für ein Unternehmen gemacht werden. Im B2C-Umfeld können das beispielsweise Vorbestellungen oder Kickstarterprojekte sein. Wichtig dabei ist, dass auch wirklich Geld überwiesen wird. Eine reine Absichtserklärung ist eine sehr schwache Indikation.
	Erzielter Umsatz	Der im Problem Solution Fit erzielte Umsatz ist ein wichtiger Indikator für den Markterfolg. So sollte der Umsatz im Verhältnis zu der Anzahl zahlender Kunden eine Schlussfolgerung darauf erlauben, dass das zukünftige Preismodell auch funktioniert.

Realistisch	Burn Rate & Runway	Die beiden KPI Burn Rate und Runway begleiten dich durch das ganze Leben deines Start-ups hindurch. Sie sind also nicht nur relevant für den Problem Solution Fit, sondern bleiben dir auch später erhalten. Die Burn Rate weist aus, wie viel Geld du als Start-up monatlich verbrauchst, während die Runway aussagt, nach wie vielen Monaten du bei der aktuellen Burn Rate über kein Geld mehr verfügen wirst. Während dem Problem Solution Fit ist insbesondere die Abschätzung der zukünftigen Burn Rate und aufgrund dessen die berechnete Finanzierung für eine Runway von achtzehn Monaten ein wichtiger Indikator für dein Start-up.
	Cost per Unit	Ob ein Start-up überlebensfähig wird, entscheidet sich in der Cost per Unit. Bei der Cost per Unit wird berechnet ob die kumulierten Kosten für Vertrieb, Herstellung und Betrieb einer Einheit des Produktes überhaupt gewinnbringend möglich wird. Falls die Kosten pro Einheit tiefer als der Verkaufspreis ist, kann davon ausgegangen werden, dass das Unternehmen ab einem gewissen Zeitpunkt rentabel sein kann. Falls nicht, muss eigentlich gar nicht mit dem Start-up begonnen werden.
Umsetzbar	—	Ja, richtig gelesen. Ich habe im Bereich »Umsetzbar« noch keine KPI zur Verfügung. Wenn du auf etwas achten solltest, dann darauf, dass du nur soviel Geld in die Umsetzung deines MVP investierst wie absolut notwendig. Wenn du ein Logistik-Start-up bist, wird dein MVP mit großer Wahrscheinlichkeit teurer sein, als wenn du einen einfachen No-Code-MVP als pure Digitallösung machen kannst. Diese Zahl entscheidet aber noch nicht über den Erfolg oder Misserfolg deines Start-ups und ist deshalb auch keine KPI.

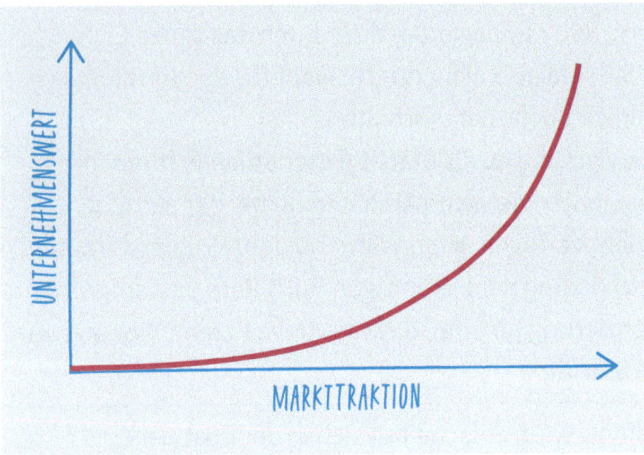

Abbildung 11: *Man kann von einer direkten Korrelation zwischen dem Unternehmenswert und der bereits erzielten Markttraktion sprechen.*

Diese KPI sind die, die du jederzeit für dein Start-up kennen musst. Anzahl Leads, Anzahl Kunden, Umsatz, Burn Rate und Runway. Klingt nicht schwer, oder? Nur leider sehe ich viele Founders, die diese KPI und die Abhängigkeiten unter den einzelnen Metriken nicht oder nur ungenügend beherrschen. Ein paar Beispiele:

- Ein Start-up hat viele Leads für sich begeistert. Ob diese aber auch für die Lösung zahlen, wurde nur mittels Fragebogen abgeklärt. Das ist eine Indikation für die Preisgestaltung, beinhaltet aber keinerlei Beweise, dass diese Leads jemals Kunden werden. Der Problem Solution Fit ist ungenügend nachgewiesen, was den Unternehmenswert am Investorenmarkt massiv schmälert.
- Ein Start-up hat bereits eine Handvoll zahlender Kund(inn)en im definierten Preismodell. Diese wurden durch das eigene Netzwerk akquiriert und stehen den Founders persönlich nahe. Am freien Markt konnten keine neuen Kund(inn)en

gewonnen werden. Auch das ist kein guter Problem Solution Fit, da zwar Kund(inn)en vorhanden sind, diese aber wahrscheinlich aus Sympathie und weniger aus echtem Interesse gewonnen wurden.

- Ein Start-up hat sowohl Leads als auch zahlende Kund(inn)en. Das ist grundsätzlich ein wichtiger Meilenstein. Die zahlenden Kundinnen haben aber alle nur mit einem unrealistisch hohen Rabatt eingekauft oder sogar nur einen symbolischen Betrag investiert. Auch das entspricht nicht der Philosophie des Geschäftsmodells. Versuche, realistische Umsätze zu erzielen, die dem Zielbild deines Geschäftsmodelles entsprechen.
- Ein Start-up hat mittels eines Sell-before-you-build-MVP bereits Leads, Kunden und Umsätze realisiert. Das Versprechen, dank Künstlicher Intelligenz am Aktienmarkt eine konstante Rendite von über zwanzig Prozent zu liefern, hat den Markt überzeugt. Leider ist aber die dazu notwendige KI noch nicht für den Markt reif. Der technische Proof of Concept, der Beweis der technischen Umsetzbarkeit, konnte nicht genügend erbracht werden und es ist nicht erwiesen, dass der Lösungsansatz überhaupt machbar ist. Dieses Start-up ist wohl ebenfalls nicht überlebensfähig, da die Realisierbarkeit nicht gegeben ist.

Oft werden noch viele andere KPI bereits im Problem Solution Fit verwendet. Natürlich ist der Übergang zum Product Market Fit teilweise fließend, aber im Grundsatz genügen diese fünf KPI als Beweis für die eigene Überlebensfähigkeit. Auch für die meisten Investorinnen und Investoren reichen diese Ergebnisse als Grundlage für eine mögliche Finanzierung bereits aus. Ob es dann aber zu einem Investment kommt und zu welchem Preis, das ist individuell sehr verschieden.

Ash Maurya hat eine wunderbare Erklärung geliefert, warum die Herstellung der Messbarkeit so wichtig ist: »Der Zufall ist nicht wiederholbar und dadurch nicht skalierbar.« Und als Start-up ist Skalierung eine essenzielle Überlebensfrage.

Das überlebensfähige Start-up

Wie bereits erwähnt, kannst du die vier für den Problem Solution Fit relevanten Fragestellungen in einer konkreten Frage vereinen:

> *Kann ich eine attraktive Lösung entwickeln, die rentabel und realistisch umsetzbar ist?*

Sobald ich diese Frage mit einem klaren und nachvollziehbaren »Ja« beantworten kann, habe ich ein Modell eines überlebensfähigen Start-ups entwickelt. Ich kann dieser Aussage nicht genügend Gewicht verleihen. Strukturelle Schwächen bereits in der Planung des Start-ups sind schwerwiegend und können zu einem späteren Zeitpunkt nur mit unglaublich viel Energie, Zeit und damit Geld korrigiert werden. Das Prinzip ist dasselbe wie in der Software-Entwicklung: Fehler können rasch und günstig behoben werden, sofern sie früh genug erkannt werden. Dasselbe gilt auch für den Aufbau eines Start-ups.

Ob dein Start-up über ein überlebensfähiges Geschäftsmodell verfügt, kannst du durch die Validierung der Attraktivität und eine nachvollziehbare Berechnung der Umsatz- und Kostenstrukturen belegen. Ein kleines, aber wichtiges Detail: »Überlebensfähig« bedeutet für mich nicht, dass das Start-up auch wirklich überlebt, sondern nur, dass es überhaupt eine Chance hat. Für die Erarbeitung des Modells des überlebensfähigen Start-ups bediene ich mich der Methode der Business Model Canvas von Alex Osterwalder, einer Visualisierungshilfe, mit der neue Geschäftsmodelle entwickelt und vorhandene dokumentiert werden. Die Business Model Canvas erlaubt die Modellierung eines möglichen Zielzustandes deines Start-ups in drei, fünf oder zehn Jahren. Es geht darum, strukturelle Probleme aufzudecken, wie beispielsweise:

- Der Zielmarkt ist für die aktuelle Kosten- und Umsatzstruktur zu klein.
- Der geplante Einsatz von Personal übersteigt die Umsätze bei Weitem.
- Das gewählte (und im MVP bewiesene) Preismodell verhilft nicht zu genügenden Umsätzen, die auch die laufenden Kosten decken.
- Die Kosten für die Herstellung vom Produkt sind nachhaltig höher als der maximal erzielbare Verkaufspreis.

Damit das Ganze greifbarer wird, können wir die Problem-Solution-Fit-Kompetenzen vom Start-up-Venture-Modell über die Business Model Canvas legen (siehe Abbildung 12 auf der folgenden Seite).

Wie unschwer zu erkennen ist, sind die einzelnen Bereiche und damit die Fragestellungen voneinander abhängig. Damit der Fokus in dieser Phase nicht verloren geht, möchte ich für die einzelnen Bereiche die wichtigsten Punkte hervorheben.

Checkliste

- ☐ Wie hoch ist die Zahlungsbereitschaft deiner Kundinnen und Kunden?
- ☐ Wie viel kostet dich die Herstellung einer Einheit deines Produktes (Cost per Unit)?

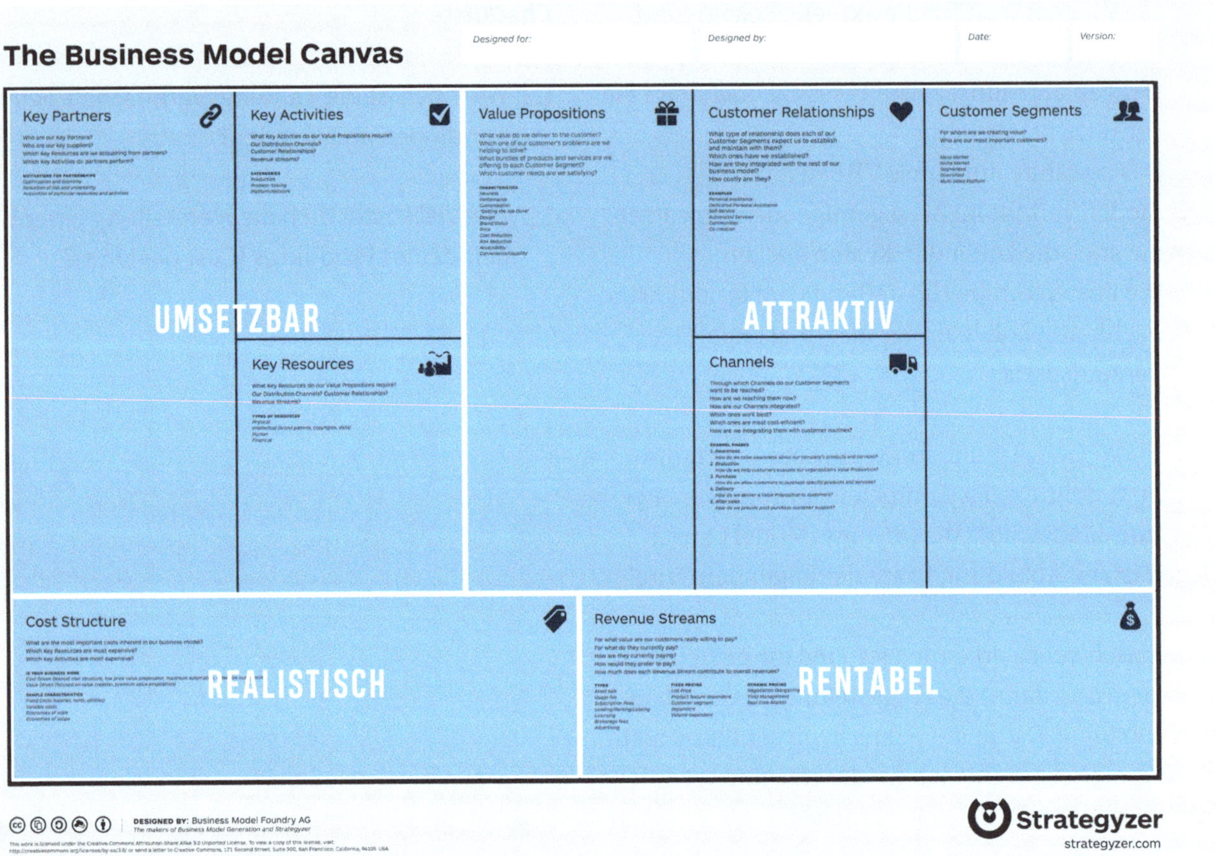
The Business Model Canvas
Designed for:
Designed by:
Date:
Version:
Key Partners
Key Activities
Value Propositions
Customer Relationships
Customer Segments
UMSETZBAR
ATTRAKTIV
Key Resources
Channels
Cost Structure
Revenue Streams
REALISTISCH
RENTABEL
DESIGNED BY: Business Model Foundry AG
The makers of Business Model Generation and Strategyzer
Strategyzer
strategyzer.com

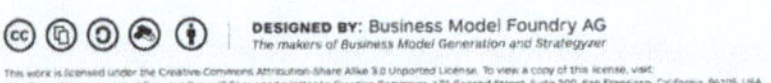

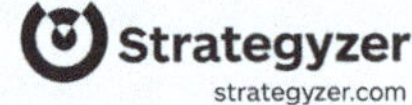

Abbildung 12: *Die Problem-Solution-Fit-Kompetenzen vom Start-up-Venture-Modell werden über die Business Model Canvas gelegt.*

DIE ATTRAKTIVITÄT

Ich finde den Ausdruck »attraktiv« echt passend. Jeder Mensch versteht sofort, was mit Attraktivität und Anziehungskraft gemeint ist. Und wie beim Menschen unterliegt die Attraktivität bei einem Start-up denselben Regeln. Ein Mensch fühlt sich von dem anderen angezogen, wenn die äußerliche Erscheinung als schön empfunden wird, ein genügend hoher, materieller Anspruch erfüllt wird und die Charaktereigenschaften den eigenen Werten ähnlich sind oder sogar entsprechen. Attraktive Menschen werden zudem als erfolgreicher und kompetenter wahrgenommen. Dies ist ein erwiesener Effekt aus der Sozialpsychologie, der sogenannte Halo-Effekt. Der Clou ist nun, dass alle diese Wirkungsweisen der Attraktivität auch auf ein Start-up zutreffen. Die materiellen Ansprüche entsprechen den Wertversprechen des Produkts, die Charaktereigenschaften sind Unternehmenswerte, und die äußerliche Erscheinung kann mit Marketing und Marke zusammengefasst werden.

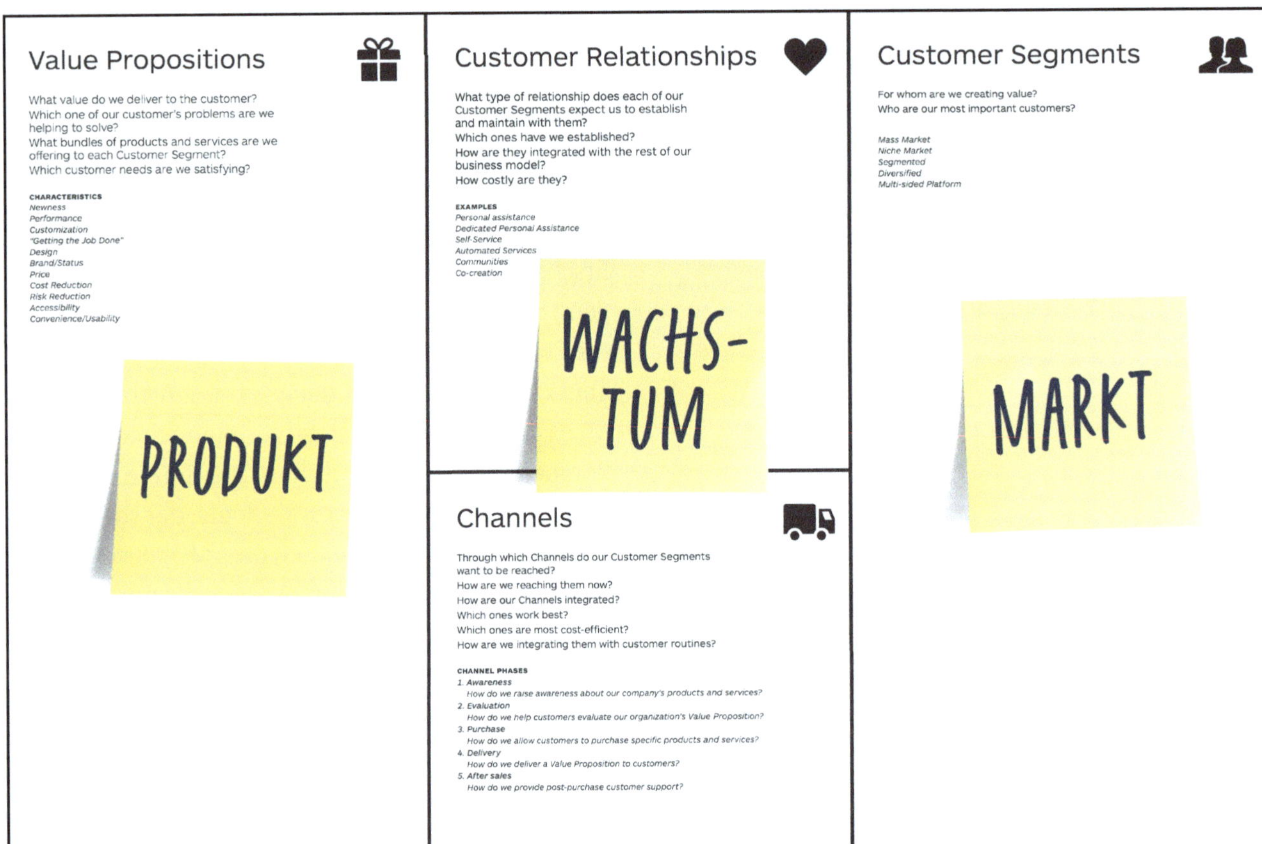

Abbildung 13: *Die Attraktivität besteht aus den drei Elementen Markt, Produkt und Wachstum.*

Die Attraktivität besteht aus drei Elementen, die im Problem Solution Fit, aber auch grundsätzlich in einem Start-up, beachtet werden müssen. Leider werden diese drei Elemente noch immer als voneinander unabhängig betrachtet. So stellen viele Founders einen Product Owner und eine Marketingspezialistin ein, die dann mehr oder weniger unabhängig voneinander am Markt agieren. Spätestens nach der Lektüre des Buches »Product-Led Growth« von Wes Bush sollte jedem Founder klar geworden sein, dass in einem digitalen Kontext Produkt, Wachstum und Markt komplett miteinander verwoben sind. Wie genau diese einzelnen Elemente zusammenhängen, ist abhängig von der Phase, in der sich das Start-up gerade befindet. Zuerst erkläre ich dir die Elemente in ihren Grundzügen.

Der Markt

Die meisten Founders – und auch Investorinnen und Investoren – sind überzeugt davon, dass das Wichtigste am Start-up das Team und das Produkt sind. Da bin ich anderer Meinung. Die wichtigste Voraussetzung für ein erfolgreiches Start-up ist der richtige Markt.

Es ist einfach zu erklären: Ein Start-up mit einem bescheidenen Produkt oder einem durchschnittlichen Team kann in einem fantastischen Markt trotzdem erfolgreich sein. Das ist dann der Fall, wenn ein Markt eine sehr hohe, nicht befriedigte Nachfrage aufweist. Hier wird auch ein Produkt gekauft, das nur teilweise überzeugt. Der Umkehrschluss ist leider nicht gegeben. In einem Markt mit einem Angebotsüberschuss wird ein durchschnittliches Produkt sang- und klanglos untergehen. Selbst ein sensationelles Team und ein entsprechendes Produkt werden immer auf diesen bescheidenen Markt ohne genügende Wachs-

Abbildung 14: *Diese einfache Formel zur Berechnung des Marktpotenzials reicht für den Problem Solution Fit völlig aus.*

tumsaussichten angewiesen sein. Deshalb ist die Definition des Zielmarkts deines Start-ups extrem wichtig. Die Grundlagen für die Definition deines – hoffentlich fantastischen – Marktes möchte ich dir hier näherbringen.

Wichtige Marktgrößen

Das Marktpotenzial eines Start-ups wird immer im Geldwert ausgedrückt. Eine Marktdefinition wie »Mein Markt umfasst alle Gastronomiebetriebe des Landes. Es sind rund 23 200 Betriebe« ist unbrauchbar. Als einfache Formel für die Berechnung des Marktpotenzials reicht dir in der aktuellen Phase der folgende einfache Ansatz:

Zielgruppe: Deine Zielgruppe sind die Menschen, die du als Kund(inn)en ansprechen wirst. Dafür musst du ihre mögliche Anzahl recherchieren.

Bedarf: Der Bedarf ist die Nachfrage deiner Lösung innerhalb einer bestimmten Zeiteinheit.

Preis: Dein voraussichtlicher Verkaufspreis pro verkaufte Einheit im Bedarf.

Dieses einfache Modell erlaubt dir die rasche Berechnung des Marktpotenzials. Das effektive Marktvolumen kann aber massiv vom Marktpotenzial abweichen. Insbesondere bei jungen oder stark wachsenden Märkten kann dies der Fall sein.

Jetzt habe ich bereits zwei wichtige Begriffe eingeschoben: Marktvolumen und Marktpotenzial. Damit du dich besser orientieren kannst, hier ein kleiner Exkurs zu den Marktdimensionen.

Marktpotenzial

Das Marktpotenzial (Total Addressable Market, TAM) ist die theoretisch maximale Absatzmenge im Markt. Dieser Wert ist für Investierende interessant, um abschätzen zu können, ob die Größe des Markts für das Start-up genügt und ob so der erwartete Wertzuwachs machbar sein könnte.

Marktvolumen

Das Marktvolumen (Servicable Available Market, SAM) ist die effektive Absatzmenge in dem entsprechenden Markt vom heutigen Zeitpunkt aus. Das Marktvolumen ist in einem ungesättigten Markt kleiner als das Marktpotenzial. Insbesondere zur Abschätzung des fantastischen Marktes ist die Differenz zwischen Marktpotenzial und Marktvolumen wichtig. Bei einem kleinen Marktvolumen und gleichzeitig großem Marktpotenzial kann von einem hohen Marktwachstum ausgegangen werden. Eine optimale Voraussetzung für dein Start-up. Aber dazu später mehr.

Marktanteil

Der Marktanteil (Servicable Obtainable Market, SOM) weist den prozentualen Anteil des Start-ups am Marktvolumen zu einem definierten Zeitpunkt aus. Bei einem Start-up im Problem Solution Fit ist der Marktanteil immer der angestrebte Marktanteil. Für mich dienen diese Marktanteilsschätzungen primär zur Abwägung, ob dein geplantes Geschäftsmodell überhaupt überlebensfähig sein kann oder nicht. Wenn sich beispielsweise die Berechnung des Marktanteils nicht mit deiner Planerfolgsrechnung

Abbildung 15: Das effektive Marktvolumen kann vom Marktpotenzial deutlich abweichen. Das ist insbesondere bei stark wachsenden Märkten der Fall.

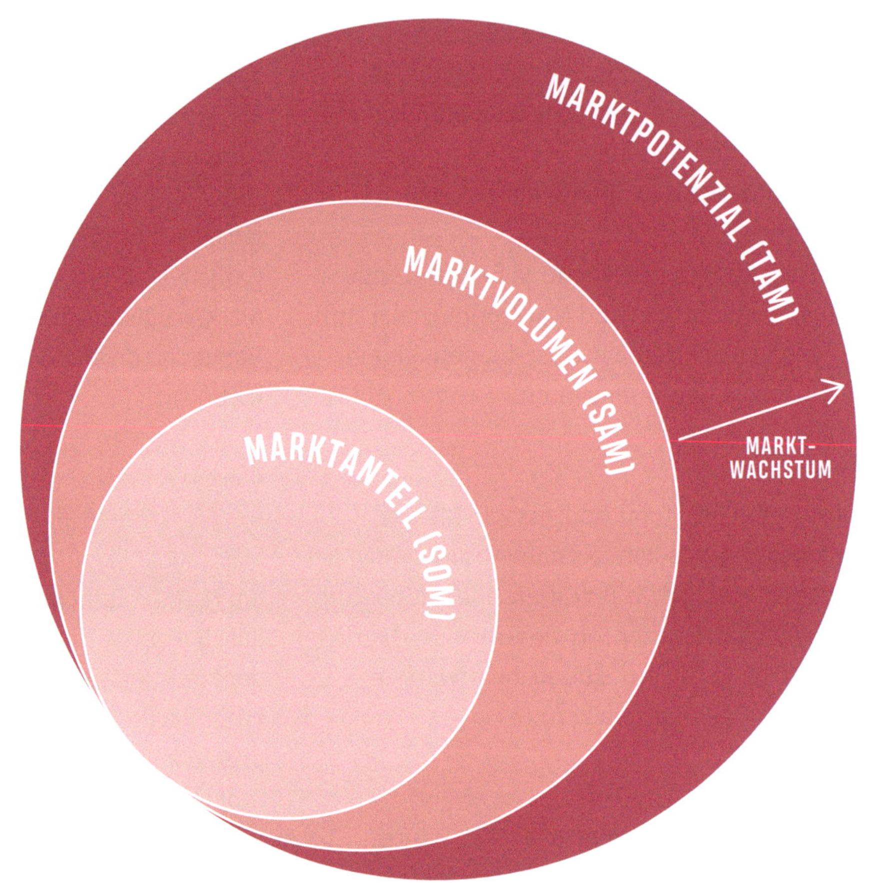

deckt, hast du wohl einen konzeptionellen Fehler eingebaut und musst nochmals über die Bücher schauen. Aber wenn dein Marktanteil grundsätzlich zu klein ist, musst du auch gar nicht erst starten, sondern deine Marktdefinitionen überdenken.

Recherchiere deinen Markt

Die Definition deines Marktes ist mit viel Desk Research verbunden. Dabei ermöglichen mir Statistiken eine gute Bestandsaufnahme des Status quo in meiner Zielgruppe. Gerade in Europa sind viele Marktgrößen durch die Statistischen Ämter des jeweiligen Landes erfasst und auswertbar. Auch statista.com aggregiert sehr viele verschiedene Statistiken inklusive Quellenangaben. So spare ich sehr viel Zeit und kann meine Grundlagen auch zukünftig noch nachweisen.

Wenn keine konkreten Daten verfügbar sind, kannst du beispielsweise Zahlen von vergleichbaren Branchen als Grundlage verwenden und auf deinen Markt adaptieren.

> **Tipp: Merke dir die Datenquellen deiner Marktanalyse. Spätestens bei Gesprächen mit potenziellen Investor(inn)en, im Growth Hacking oder beim Pivotieren brauchst du sie wieder.**

Damit du neben dem aktuellen Marktvolumen insbesondere das Marktpotenzial abschätzen kannst, lohnt sich ein Blick in die Zukunft. Branchenstudien eignen sich sehr gut als konkrete Anwendungsmodelle für die kurzfristige Zukunft und zeigen Trends für die langfristige Entwicklung auf. Zudem bieten sie gute Grundlagen für eine Potenzialberechnung deiner Zielgruppe. Und dieses Marktpotenzial, das man in Zukunft erwartet, ist ja ein wichtiger Indikator für einen fantastischen Markt.

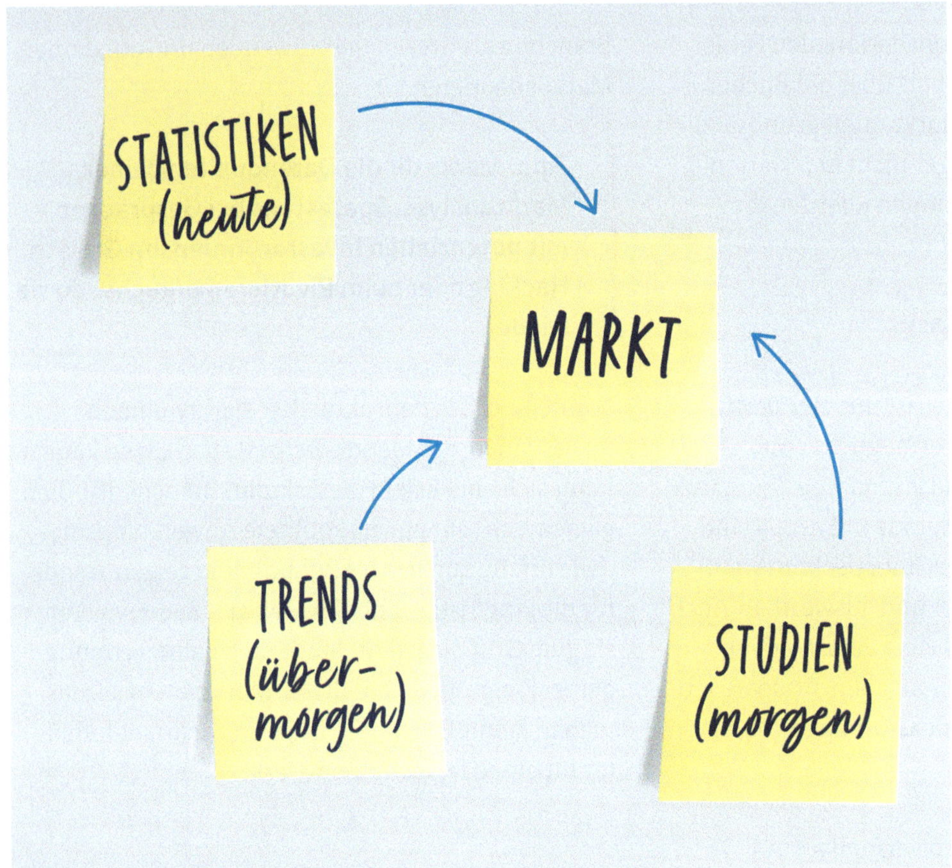

Abbildung 16: *Die Recherche deines Marktes ist mit viel Desk Research verbunden. Ich analysiere den Markt mithilfe von Statistiken, Trends und Studien.*

Der fantastische Markt

Basierend auf den vorhergehenden Definitionen können wir den ominösen fantastischen Markt definieren. Analysieren wir dazu die verschiedenen Marktdimensionen, die wir vorher kennengelernt haben.

Diese Dimensionen, kombiniert mit der Einschätzung der Konkurrenzsituation, ergeben verschiedene Märkte mit unterschiedlichen Strategien:

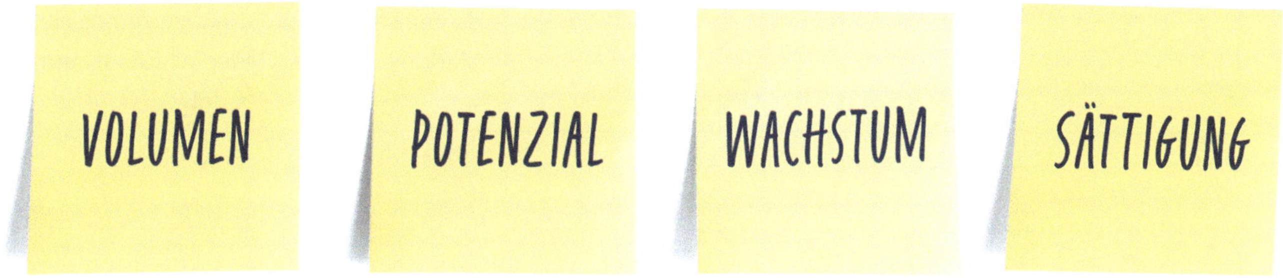

Abbildung 17: *Diese Dimensionen, kombiniert mit der Einschätzung der Konkurrenzsituation, ergeben verschiedene Märkte mit unterschiedlichen Strategien.*

Marktvolumen	Klein	Klein	Klein	Klein
Marktpotenzial	Klein	Klein	Groß	Groß
Marktwachstum	Klein	Klein	Klein	Klein
Konkurrenz	Wenig	Viel	Wenig	Viel
Beschreibung	**Nische.** Wohl kein Start-up-Markt. Eher ein KMU-Nischenmarkt (wo aber gut gelebt werden kann).	**Hyperlokale Nische.** Hart umkämpfter Nischenmarkt. Nichts für Digital-Tech-Start-ups	**Fragezeichen.** Die Wundertüte eines Marktes. Kann abgehen und du kannst davon profitieren, wenn du der Erste im Markt warst.	**Zukunftsmarkt.** Hier gehen viele davon aus, dass sich der Markt irgendwann entwickeln wird. Das richtige Timing ist der Schlüssel zum Erfolg.
Strategie	Bootstrap	Leave it	Huge Bet	Slow Play

	Klein	Klein	Groß	Groß
	Groß	Groß	Groß	Groß
	Groß	Groß	Klein	Klein
	Wenig	Viel	Wenig	Viel
	Fantastischer Markt. Wow! That's it! Wenn du so einen Markt hast, dann lebst du in Saus und Braus. Viel Nachfrage und wenig Konkurrenz.	**Be battle ready.** Dieser Markt ist noch interessant, auch wenn schon viel Konkurrenz vorhanden ist. Du musst halt einfach besser sein als die anderen.	**Fantastischer Markt.** Ein Riesenmarkt, und noch niemand hat es bemerkt. Pflücken!	**Disruption.** Ein umkämpfter und gesättigter Markt. Da musst du besonders, besser oder aggressiver sein als die anderen, um erfolgreich zu werden.
	Fast forward	Best Product	Fast forward	Best Product & Fast forward

Du siehst, es gibt nur wenige Kombinationen, wo ein fantastischer Markt vorherrscht. Trotzdem sind die anderen Märkte nicht wirklich schlecht. Nur anders und je nachdem für andere Investierende geeignet. Hier eine Zusammenfassung der möglichen Strategien, um in dem jeweiligen Markt erfolgreich sein zu können:

Bootstrap: Baue dein Unternehmen organisch, also selbstfinanziert aus deinem Gewinn auf.

Leave it: Lass es. Lass es einfach.

Huge Bet (Eine große Wette wie beim Pokern): Timing ist alles. Aber dafür brauchst du entsprechend Zeit und Geld, um auf den richtigen Moment zu warten. Also behalte deine Burn Rate im Griff und bleib am Markt in Lauerstellung.

Slow Play: Baue deinen Problem Solution Fit in einem gemächlichen Tempo auf und warte auf den Markt. Sobald du relevante Traktion vom Markt erfährst, kannst du dein Aufbautempo erhöhen.

Fast forward: Geschwindigkeit ist der Schlüssel! Du musst vor allen anderen am Markt sein. Auch wenn dein Produkt noch so unfertig ist, dass du dich fast dafür schämst, egal. Die Nachfrage ist groß genug! Also sichere deine Marktanteile, solange du noch kannst.

Best Product: Dein Produkt muss mehr Kundennutzen haben als die anderen. Also höre auf deinen Markt und entwickle eine Lösung, die das Problem auf sensationelle Art und Weise löst.

Fast forward & Best Product: Die Königsklasse mit dem größten Budget und dem größten Gewinn. The winner takes it all. Du brauchst ein unvergleichliches Produkt und musst wahnsinnig schnell agieren.

Bitte verfasse keine Doktorarbeit bei der Marktbetrachtung. Wichtiger ist das Gefühl für die Marktdimensionen sowie eine nachvollziehbare Herleitung und nicht Korrektheit bis auf die letzte Kommastelle. Es geht eigentlich nur um die Einschätzung, ob der Markt groß genug ist oder nicht.

Das Produkt

Im Problem Solution Fit können wir noch nicht vom eigentlichen Produkt sprechen, sondern eher von der Vision des idealen Produkts. Diese Vision ist unglaublich wichtig, aber es braucht auch immer eine gesunde, kritische Blickweise auf das eigene Produkt: »Löse ich effektiv ein Problem meiner Kundschaft oder nur eines meiner Probleme?« Als Founder musst du deinen Blickwinkel erweitern und versuchen, so viel von deinen zukünftigen Kundinnen und Kunden zu lernen, wie du nur kannst. Oft scheitern geniale Founders an der eigenen Überzeugung vom perfekten Produkt, anstatt dass sie sich auf eine Reise voller neuer Erkenntnisse begeben.

Deine Meinung ist nicht die Meinung im Markt. Deine Meinung ist auf keinen Fall repräsentativ, sondern höchstens visionär.

Der Double Diamond für Start-ups

Wenn ich neu in die Entwicklung eines Produkts einsteige, beginne ich – noch vor dem MVP – mit der Erforschung der eigentlichen Bedürfnisse meiner zukünftigen Zielgruppe. Zur besseren Orientierung im Design-Prozess empfehle ich dir das Double-Diamond-Modell, adaptiert auf die Bedürfnisse von Start-ups. Es geht mir weniger um inhaltliche Vollständigkeit, sondern um die Denkhaltung, die hinter dem Double Diamond steckt. Im Double Diamond gehst du nicht davon aus, dass dein initiales, also anfängliches Problem auch wirklich das zu lösende Problem ist. Es ist lediglich ein Startpunkt,

Abbildung 18: *Zur besseren Orientierung im Design-Prozess empfehle ich das Double-Diamond-Modell.*

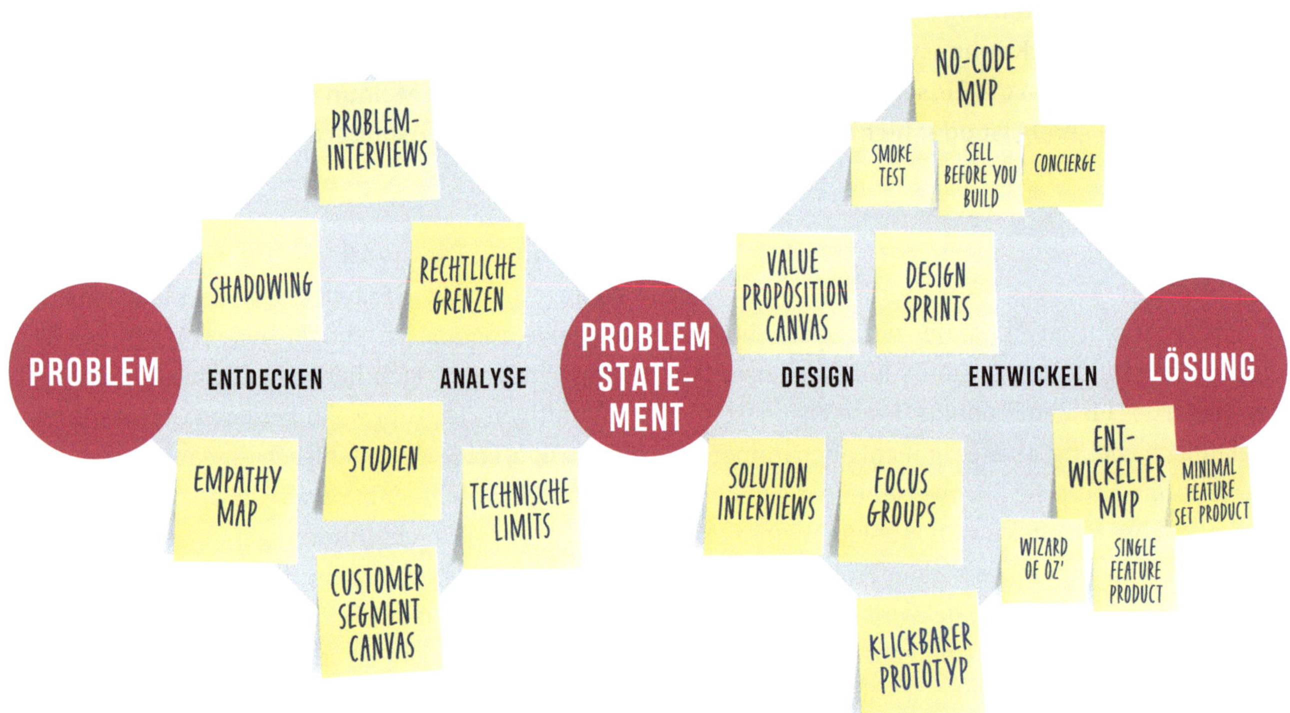

um mit der Entwicklung zu beginnen. In der ersten Phase geht es darum, dich empathisch in deine zukünftigen Kundinnen und Kunden hineinzuversetzen. Gerade im Bereich des User Centered Design, der nutzerorientierten Gestaltung, gibt es unglaublich viele Methoden, die auch ich nicht alle kenne. Meine eigenen Lieblingsmethoden in dieser Phase sind Interviews, Empathy Maps, Shadowing, Studien im Desk Research und natürlich – mein All-time-Favorit – das Value Proposition Design von Alex Osterwalder. Ich möchte dir stark ans Herz legen, dich mindestens mit diesen Methoden vertraut zu machen. Insbesondere das Value Proposition Design, das in dem gleichnamigen Bestseller von Alex Osterwalder und weiteren Autoren beschrieben ist, ist eine unglaublich wertvolle Quelle für Inspiration und wertebasiertes Produktdesign.

Dieses generierte Wissen sammle ich an einem Ort. Bewährt haben sich Tools wie Notion und Miro um die eher noch unstrukturierten Inhalte auch dem Team zugänglich zu machen. Ich empfehle dir sowieso, diesen Prozess immer mindestens mit einem Partner beziehungsweise Teammitglied durchzuspielen. So vermeidest du Voreingenommenheit gegenüber den Meinungen deiner Kundinnen und Kunden. Um zu einem greifbaren Problem Statement zu kommen, spiegle ich das generierte Wissen gegenüber anderen Fakten, die bekannt sind und möglicherweise das Problem Statement noch verändern können. Diese Fakten können insbesondere Regulatorien, Markteinschränkungen, rechtliche Begrenzungen (nicht alles, was möglich ist, ist auch überall erlaubt) oder die technologische Machbarkeit sein. Am Schluss dieses Prozesses sollte ein Problem Solution Statement entstanden sein. Das Problem Solution Statement ermöglicht es mir, kurz und knapp meine Problem Solution Idee – ja, ist noch Pre-MVP und also nur eine Idee – zu formulieren und dadurch testbar zu machen. Das Problem Solution Statement kombiniert dabei die folgenden Elemente:

- Es startet immer mit der Zielgruppe,
- es basiert auf den Pain/Gain Gedanken der Value Proposition Canvas,
- es fokussiert sich auf den zu erledigenden Job,
- es beinhaltet das Werteversprechen für die Zielgruppe,
- es zwingt dich, dir eine klare Differenzierung, ein WOW zu formulieren.

Ich verwende immer ein englisches Problem Solution Statement und habe noch keine, für mich passende Übersetzung ins Deutsche entwickelt. Deshalb hier die englische Variante des Problem Solution Statement:

> **For »target audience« who want to »pain/gain« in order to »job to be done« we offer a solution that excels at »value proposition« by »differentiation, the wow«.**

Hier zwei praktische Beispiele – in Englisch – von Start-ups, die ich mit aufgebaut habe:

- For webmasters who want to comply with data protection laws in Europe in order to prevent lawsuits and manage data properly, we offer a solution that excels at automatically creating and updating legally compliant privacy policies by scanning and writing them itself, without user interaction required.
- For trustees who want to manage their customer portfolio based on KPIs in order to become the external CFO for their clients we offer a solution that excels at collecting the portfolio information by aggregating real time financial data within one dashboard.

Die weitere Umsetzung des Problem Solution Statement passiert idealerweise in zwei Schritten. Zuerst kreierst du einen klickbaren Prototypen. Es gibt die unterschiedlichsten Tools, die du verwenden kannst. Ich bin ein Fan von Scribbles und Figma für die Entwicklung eines Prototyps. Auch hier sind dir methodisch keine Grenzen gesetzt. Du bist einzig limitiert durch Zeit und Geld. Ob du einen oder mehrere Design Sprints machen, mit Fokusgruppen arbeiten oder direkt deinen Prototypen mit deiner Zielgruppe testen willst, überlasse ich dir. Aus deinem Prototypen entwickelst du im nächsten Schritt schließlich den MVP und erarbeitest so iterativ deinen Problem Solution Fit. Mehr zum MVP kommt in einem späteren Kapitel noch zur Sprache.

Wachstumsstrategien

Einer der Bereiche, in dem sich die meisten Founders echt schwertun, ist die Definition von Wachstum oder besser Wachstumsstrategien im Kontext des Problem Solution Fit. Statt auf strategischer Ebene zu bleiben, tauchen viele Founders in Details ab, die zum aktuellen Zeitpunkt oft noch gar nicht relevant sind. Mit Schlagwörtern wie »Influencer Marketing« oder »Viralität« versucht man, die eigene Unsicherheit gegenüber Investierenden mit Schlagwörtern zu überspielen. Aber weißt du was?

> **Zum Zeitpunkt des Problem Solution Fit erwartet niemand einen wasserdichten Marketingplan von dir.**

Was ich als Investor erwarte, ist eine solide Basis für die Plausibilisierung des Geschäftsmodells. Als Founder solltest du dich zumindest für eine Wachstumsstrategie entschieden und auf deren Basis deine Berechnungen im Businessmodell durchgeführt haben.

Zur Inspiration will ich dir hier ein paar Wachstumsstrategien aufzeigen, die ich immer wieder verwende, um Aufmerksamkeit zu generieren (Abbildung 19).

Dabei spielt es für die einzelne Wachstumsstrategie keine Rolle, ob du im B2B oder im B2C unterwegs bist. Je nach Produkt/Marktkombination kann fast

LIGHTHOUSE

Den Nutzen für einzelne Kund(inn)en so groß hervorheben, dass auch andere Kund(inn)en angezogen werden.

PIGGYBACK

Auf dem Rücken der Nutzerbasis einer bereits etablierten Lösung wachsen.

CONTENT SEEDING

Inhalte über lange Zeit publizieren und so mehr Reichweite erzielen.

TESTIMONIALS

Bekannte Exponent(inn)en aus der jeweiligen Branche als Nutzer(innen) des Produkts gewinnen.

BIG BANG

Klassischer Media Mix mit hohen Kosten und entsprechender Reichweite im Massenmarkt.

FOMO

Künstliche Verknappung des Angebots führt zu »Fear of missing out«, der Angst, etwas zu verpassen.

LAND + EXPAND

Aufbau und rascher Ausbau einer kleinen Einheit im gewählten Markt.

SINGLE SIDED

Sich auf eine Seite der Plattform konzentrieren und diese kostenlos anbieten, um ein rasches Wachstum zu erzielen.

PRODUCER EVANGELISM

Anbieter der Plattform so befähigen, dass diese die Konsument(inn)en selbst akquirieren.

MICRO MARKETS

Fokus auf kleine Märkte mit hohem Potenzial zum Beispiel in Ballungszentren.

Abbildung 19: *Ein paar Wachstumsstrategien, die ich oft als Vorlage verwende.*

jede Strategie angewandt werden. Hier ein paar Beispiele:

- Im B2B-Vertrieb bietet sich die Lighthouse-Strategie an. Dabei definierst du eine Liste von Wunschkunden und gewinnst mindestens einen oder eine als Referenz für dich und dein Start-up. Diese Empfehlung gibt dir die Glaubwürdigkeit im Markt, und die anderen Interessent(inn)en folgen dann oft als Kund(inn)en aufgrund dieser Referenz. Wenn vorher viele deine Kompetenzen bezweifelt haben, wird sich das nach der Kommunikation der Lighthouse-Referenzen erledigt haben.
- Ein Logistik-Start-up wird sich zu Beginn der Micro-Market-Strategie bedienen. Durch den Fokus auf spezifische Märkte wie Wirtschaftsregionen können die Kosten im Verhältnis zu den möglichen Absatzmöglichkeiten optimiert werden. So macht es beispielsweise keinen Sinn, einen Fahrradkurier-Service in schwach besiedelten Gebieten anzubieten.
- Ein Klassiker unter den Strategien ist das Content Seeding, oft auch als Content Marketing bezeichnet. Dabei teilt das Start-up sein Wissen in ansprechendem Inhalt mit der möglichen Zielgruppe und kreiert dadurch Interessierte. Diese Disziplin ist insbesondere effizient, um langfristig unabhängiger vom Medienbudget zu werden.

Eins ist klar: Diese Strategien beziehen sich ausschließlich auf die Generierung von Aufmerksamkeit und noch nicht auf Berechnungen im Geschäftsmodell.

> **Dein gewähltes Wachstumsmodell muss zu diesem Zeitpunkt vor allem realistisch umsetzbar sein. Klar ist auch: Wenn du dein Abenteuer wirklich startest, wird in deinem Plan der Zufall durch den Irrtum ersetzt. Sprich: Dein Wachstumsmodell ändert sich.**

Checkliste

- [ ] Wer ist deine Zielgruppe?
- [ ] Wie groß ist dein Markt? Berechne TAM, SAM und SOM.
- [ ] Formuliere hier dein Problem Solution Statement.
- [ ] Welche initiale Wachstumsstrategie verfolgst du?

RENTABILITÄT PRÜFEN

Nun zur Frage, ob Umsätze im Problem Solution Fit überhaupt wichtig sind. Ich spreche immer wieder mit Founders, die sich ohne Umsätze oder ohne Produkt eine erste Finanzierung sichern wollen. Klar, das gibt's manchmal auch. Aber in diesem Fall hast du keinen Investor an Bord, sondern einen Co-Founder. Mehr dazu im Kapitel »Investierbar sein«. An dieser Stelle zeige ich dir erst einmal auf, welche Möglichkeiten du hast, deine ersten Umsätze realisieren zu können. Die wichtigste Frage, was die Umsätze betrifft, ist:

> ***Wie viel ist deine Zielgruppe bereit, für deine Lösung zu bezahlen?***

Wann ist die Zahlungsbereitschaft ausreichend bewiesen? Ich bin der Meinung, sobald auch wirklich Geld von einer angemessenen Anzahl von Kundinnen und Kunden an dein Start-up überwiesen worden ist. Eine aufschlussreiche Antwort, oder? Was bedeutet nun eine »angemessene Anzahl«? Auch hier ist die Antwort abhängig von deinem Businessmodell. Wenn du ein B2C-Start-up aufbaust, dann brauchst du schon ein paar Hundert zahlende Kunden. Auf der anderen Seite reichen schon fünf bis zehn Kundinnen, wenn du ein B2B-Start-up mit einem hochpreisigen Lizenzmodell entwickelst. Kurz gesagt: Je tiefer der geplante Preis, desto mehr Kundinnen und Kunden sind notwendig für den Beweis der Zahlungsbereitschaft.

Preisfindung mit der Van-Westendorp-Methode

Die Van-Westendorp-Methode ist eine Technik zur Preisfindung, die auf Befragungen von potenziellen Kunden basiert. Diese Methode wurde in den 1970er-Jahren von dem niederländischen Wirtschaftswissenschaftler Peter van Westendorp entwickelt. Sie ermöglicht es, den optimalen Preis für ein Produkt oder eine Dienstleistung zu ermitteln, indem verschiedene Fragen zu Preisschwelle, Preisakzeptanz und Preissensibilität gestellt werden.

Die Methode basiert auf den folgenden vier Fragen:

Zu teuer: Zu welchem Preis würden Sie das Produkt als zu teuer empfinden, sodass Sie nicht in Betracht ziehen würden, es zu kaufen?

Teuer, aber akzeptabel: Zu welchem Preis würden Sie das Produkt als zu teuer empfinden, sodass Sie es nicht in Betracht ziehen würden, es zu kaufen?

Günstig: Zu welchem Preis würden Sie das Produkt als günstig ansehen?

Zu günstig: Zu welchem Preis würden Sie das Produkt als so günstig ansehen, dass Sie an seiner Qualität zweifeln und es nicht kaufen würden?

Nachdem diese Daten gesammelt wurden, werden sie grafisch dargestellt, wobei die Preise auf der X-Achse und die Prozentsätze der Antworten auf der Y-Achse abgebildet sind. Die Antworten zu jeder Frage erzeugen eine Kurve. Die Schnittpunkte dieser

Kurven helfen dabei, den optimalen Preisbereich für das Produkt zu identifizieren:

Der Schnittpunkt der Kurven »Zu teuer« und »Teuer, aber akzeptabel« gibt den oberen Preisgrenzbereich an.

Der Schnittpunkt der Kurven »Günstig« und »Zu günstig« markiert den unteren Preisgrenzbereich.

Der Bereich zwischen diesen beiden Punkten wird oft als akzeptabler Preisbereich für das Produkt betrachtet.

Die Van Westendorp-Methode ist besonders nützlich, um ein Gefühl für die Preiselastizität aus Kundensicht zu bekommen, und wird oft in der frühen Phase der Preisfindung eingesetzt. Jedoch berücksichtigt die Methode nicht alle Aspekte der Preisgestaltung wie beispielsweise den Wettbewerb oder die Einzigartigkeit eines Produktes. Deshalb verwende ich die Van-Westendorp-Methode gerne in Kombination mit einem Prototypen, der mein Produkt bereits recht klar und für meine Zielgruppe verständlich beschreibt. Eingebaut in ein simples TypeForm erhalte ich so innerhalb kürzester Zeit gute Datenpunkte vom Markt zu der Zahlungsbereitschaft.

Mögliche Preismodelle

Dein Start-up kann die Zahlungsbereitschaft des Marktes auf den verschiedensten Wegen in Umsätzen realisieren. Teilweise besteht gerade darin die Innovation des Start-ups. Denk beispielsweise an Autos oder Möbel, die gemietet statt geleast oder gekauft werden. Ich habe dir eine Übersicht mit einigen Preismodellen zusammengestellt und in Klammern auch gleich die oft verwendeten englischen Begriffe angemerkt:

Modell	Kurzbeschreibung
Verkauf	Simpel: Verkauf von einzelnen Produkten gegen einen fixen Preis
Abonnement (Subscription)	Nutzende beziehen einen digitalen Dienst, oft von einem SaaS-Unternehmen, zur zeitlich begrenzten Nutzung. Die Kosten eines Abonnements sind meistens abhängig vom erzeugten Nutzen.
Kommissionsgebühr (Transaction Cut)	Abhängig von der Höhe der Transaktion bezahlen Nutzende eine Gebühr an das Unternehmen.
Bezahlung pro Verwendung (Pay per Use)	Nutzende bezahlen bei der Verwendung einer Einheit des angebotenen Produktes.
Miete (Rental)	Vermietung eines Investitionsobjekts (High Value Asset) an Nutzende zu einem festgelegten Betrag.
Werbung (Advertisement)	Eine Plattform finanziert sich dadurch, dass sie Werbung an Dritte offeriert. Populäre Beispiele sind Soziale Netzwerke wie Facebook.

Modell	Kurzbeschreibung
Transaktionsgebühr (Transaction Fee)	Nutzende bezahlen pro durchgeführte Transaktion. Wird oft auch in Kombination mit der Kommissionsgebühr verwendet.
Lizenzen (Licence Fee)	Nutzende bezahlen eine fixe Anzahl von Lizenzen für eine zeitlich begrenzte Frist. Wird oft im Software-Bereich verwendet. Wurde teilweise durch Abo-Modelle abgelöst.
Verkaufs-/Vermittlungsgebühr (Brokerage Fee)	Nutzende zahlen eine Gebühr, um ein erfolgreiches Geschäft abzuschließen. Beispielsweise bei der Vermittlung von Immobilien, Versicherungen oder Mitarbeitenden.

Umsatzprognose

Basierend auf deinem gewählten Preismodell und deinen bisherigen Erkenntnissen zur Kundengewinnung und Zahlungsbereitschaft kannst du ein Modell zur Umsatzprognose aufbauen. Dieses Modell erlaubt es dir, in Varianten die zukünftigen Umsätze abzuschätzen. Klar, das ist immer nur hypothetisch, also auf einer Annahme beruhend, aber irgendwie musst du ja starten können. Versuche, ein Modell zu entwickeln, das dir die zu erwartenden monatlichen Umsätze der nächsten fünf Jahre berechnet. Dieses Modell brauchst du, in Kombination mit der Kostenprognose, für die Herleitung deines Finanzbedarfs und deiner geplanten Finanzierungsrunden.

Eine sehr einfache Umsatzprognose könnte beispielsweise folgendermaßen aussehen:

	Januar	**Februar**	**März**	**April**
Anzahl Kund(inn)en	200	210	225	240
Abo (50 pro Kunde)	10 000	10 500	11 250	12 000
Neu-installation (100)	1 000	1 000	1 500	1 500
Total Umsatz	11 000	11 500	12 750	13 500

Die Abo-Umsätze sind separat aufgeführt, weil Investierende besonderen Wert auf regelmäßig wiederkehrende Umsätze legen. Je mehr solche Umsätze du in deinem Start-up erzeugen kannst, umso stabiler ist dein Unternehmen.

Eine richtige Umsatzprognose anhand eines entsprechenden Rechenmodells ist natürlich ungleich komplexer als das einfache Beispiel. Baue in einem genaueren Modell unbedingt Elemente wie die Wechselrate deiner Kunden (Churn), das Entwicklungspotenzial pro Kundin, aber auch das Wachstum in Kombination mit den Kosten für die Akquisition ein. Alle diese Themen werden im Kapitel zum Product Market Fit genauer erläutert.

> **Wichtiger als die absoluten Umsätze ist mir das Umsatzmodell, das du entwickelst. Du brauchst ein belastbares Gefühl, wie sensitiv dein Geschäftsmodell wird und welches die wichtigen Umsatztreiber sind. Arbeite also ein gutes Umsatzmodell aus, um danach deine Prognosen zu erstellen. Die einzelnen Inhalte werden sich wahrscheinlich noch verändern. Dein Modell aber oft nicht mehr.**

Checkliste

- [ ] Welches Preismodell wählst du und warum?
- [ ] Wie viel ist deine Zielgruppe bereit zu bezahlen?
- [ ] Wie viel Umsatz planst du mit deiner Zielgruppe?

BLEIB REALISTISCH

Eigentlich sind die Kosten der einzige Faktor, den du als Founder mit Sicherheit bestimmen kannst. Du sitzt am Steuer und kannst jederzeit entscheiden, ob du investieren willst oder nicht. Damit du von Anfang an eine Idee hast, welche Kosten auf dich zukommen und ob sich dein Start-up in den Grundzügen überhaupt realistisch rechnet, solltest du deine Kostenstruktur mindestens einmal modelliert haben. Ich vergleiche als Nächstes die berechneten Umsätze mit den entsprechenden Kosten. Ein knapp profitables Geschäftsmodell ist nicht genug, um ein Start-up zu lancieren. Du musst eine sehr deutliche berechnete Profitabilität ausweisen. Denn eine alte Unternehmerweisheit sagt: Es dauert mindestens doppelt so lange und wird doppelt so teuer.

Personalkosten als größter Block

In einem Start-up, insbesondere im digitalen Umfeld, bestehen deine Kosten zum größten Teil aus Personalkosten. Grundsätzlich gehen wir in der

Businessmodellphase von den geplanten Kosten aus. Diese sollten so realistisch wie möglich sein. Zu hohe Kosten werden dein Businessmodell schon zu Beginn in den Ruin treiben, während zu niedrige Kosten – insbesondere bei der Lohnplanung – dir keine guten Mitarbeitenden erlauben. Alle Investorinnen und Investoren werden deinen Kapitalbedarf kritisch hinterfragen und bereits im Pitch oder spätestens in der Due Diligence deine Planung richtiggehend auseinandernehmen. Besonders wenn deine Berechnungen offensichtlich falsch sind. Tausche dich mit erfahrenen Founders aus, um gute Erfahrungswerte zu erhalten. Hier habe ich ein paar Werte aufgeführt, wie ich sie ungefähr bei der Abschätzung von Personalkosten verwende.

Was	Schweiz	Deutschland	Nearshore Nachbarländer (Europa)
Software Engineer	CHF 120 000	€ 75 000	€ 50 000
Marketing	CHF 100 000	€ 60 000	€ 40 000
UX Design	CHF 110 000	€ 65 000	€ 45 000
Buchhaltung	CHF 15 000/Jahr	€ 10 000/Jahr	€ 5 000/Jahr
Bürokosten pro Arbeitsplatz	CHF 500/Monat	€ 400/Monat	€ 200/Monat

Die Berechnung von Vertriebskosten

In vielen Businessplänen sehe ich leider oft völlig unrealistische Vertriebskosten. Damit du nicht in diese Falle tappst, gebe ich dir hier ein paar Tricks zur Berechnung der möglichen Kosten mit. Natürlich werden diese Kalkulationen nicht immer genau so aufgehen, wie du prognostiziert hast. Aber du hast dich zumindest nicht völlig verrechnet, und um das geht es im Moment ja. Zunächst bestehen deine Vertriebskosten nicht ausschließlich aus den Medienausgaben für Facebook und Co., sondern auch zu einem großen Teil aus Personalkosten. Insbesondere im B2B-Umfeld ist das ein deutlich größerer Anteil. Deine gesamten Vertriebskosten bestehen also aus:

- Personalkosten des Marketingteams,
- Personalkosten des Verkaufsteams,
- Aufwände für die Medienkreation,
- Medienausgaben,
- Social-Media-Management,
- Public-Relation-Kosten,
- Technologie für Vertrieb und Marketing.

Wie bereits erwähnt, ist im B2B der Personalaufwand um ein Vielfaches höher als die restlichen Kosten. Im Umkehrschluss hast du im B2C, insbesondere wenn du mit der Skalierung beginnst, ungleich höhere Marketingausgaben, um deine Zielgruppe zu erreichen.

Nun kommt der Quercheck: Wie viel kostet dich die Akquise eines Neukunden oder einer Neukundin (Customer Acquisition Cost, kurz CAC) und mit wie vielen Kunden rechnest du in deiner Umsatzprognose? Hast du genügend Budget für die Kundenakquise entsprechend dem geplanten Wachstum veranschlagt? Hier ein kleiner Tipp als Daumenregel bei SaaS Start-ups: Die Kundenakquisekosten (CAC) sollten im Verhältnis zum Wert der Kundenbeziehung (Customer Lifetime Value, kurz CLV) nicht tiefer als eins zu drei sein.

Burn Rate und Runway

Die Burn Rate ist die Geschwindigkeit, mit der dein Start-up im Monat Geld verliert oder umgangssprachlich eben verbrennt. Unterschieden wird zwischen Brutto- und Netto-Burn-Rate. Die Brutto-Burn-Rate bezeichnet die Summe der Ausgaben ohne Berücksichtigung der Einkünfte. Ein Start-up gibt seine Burn Rate üblicherweise netto an, also die operativen Kosten abzüglich des verbleibenden Deckungsbeitrags aus den Umsätzen. Die Netto-Burn-Rate wird für die Berechnung der Runway verwendet und in Kosten pro Monat ausgewiesen, zum Beispiel fünfzigtausend pro Monat.

Der Begriff »Runway« drückt aus, für wie lange dein Geld mit der aktuellen Burn Rate noch reicht. Diese beiden Begriffe sind insbesondere bei der Finanzplanung für die erste Finanzierungsrunde wichtig. Auf der Basis deiner geplanten Kostenstruktur kannst du eine monatliche Burn Rate für die Zukunft modellieren.

Kostenprognose

Neben der Umsatzprognose brauchst du auch eine Kostenprognose, um den Finanzbedarf über die Zeit zu berechnen. Trage zunächst deine Personalplanung in eine Tabelle ein und berechne darauf basierend die Personalkosten pro Monat. Dasselbe machst du mit den geplanten Kosten für dein Wachstum (die Mengengerüste der Kunden hast du ja bereits in der Umsatzprognose geplant) und Drittkosten. Bleibe bei deinen Berechnungen so nah an deinen Erkenntnissen wie möglich. Die Verlockung ist sehr groß, die Werte der Kosten und Umsätze anzupassen, wenn die Erfolgsprognose nicht wie gewünscht aussieht. Dabei belügst du dich aber selbst, und die Realität holt dich in jedem Fall wieder ein. Also stick to the truth, bleib bei der Wahrheit.

Eine simple Kostenprognose mit der Brutto-Burn-Rate könnte beispielsweise folgendermaßen aussehen:

	Januar	Februar	März	April
Personalkosten	25 000	25 000	35 000	40 000
Marketing und Vertrieb	10 000	10 000	15 000	15 000
Produktentwicklung	25 000	25 000	25 000	25 000
Brutto-Burn-Rate	60000	60 000	70 000	80 000

Bei einem Kontostand im Januar von einhunderttausend wäre die Runway knapp zwei Monate. Also bis Ende Februar wäre die Liquidität des Start-ups noch gesichert. Diese Berechnung basiert auf der Brutto-Burn-Rate, also ohne die Berücksichtigung von allfälligen Umsätzen. Im Kapitel »Finanzierung« werden wir die Netto-Burn-Rate und den effektiven Finanzbedarf berechnen.

In der Praxis verwende ich für die Kostenberechnung eine Excel-Tabelle, die mir erlaubt, auf fünf Jahre hinaus eine Personalplanung mit den entsprechenden Kosten sowie der Abschätzung der Drittkosten zu machen. Diese Kosten kategorisiere ich dann in die Bereiche des Product Market Fit.

Checkliste

- ☐ Wie hoch ist deine berechnete Brutto-Burn-Rate?
- ☐ Wie sieht deine Kostenplanung für die nächsten fünf Jahre aus?

SETZE ES UM

Strategische Partnerschaften finden

Wenn du das Kapitel über die grundlegenden Kompetenzen in deinem Founder-Team bereits aufmerksam gelesen hast, solltest du durch dieses Kapitel rasch durchkommen. Bevor du eine erste Finanzierung durchführen kannst, musst du schon einen Plan – nein, eigentlich einen Beweis – haben, dass du dein geplantes Vorhaben auch umsetzen kannst. Fehlende Kompetenzen und Ressourcen musst du entweder mit Mitarbeitenden in deinem Start-up aufbauen oder du musst strategische Partnerschaften organisieren.

Aber wie wählst du die richtigen strategischen Partnerschaften aus? Dazu ein paar Entscheidungskriterien: Die ideale Frage bei der Evaluation einer Partnerschaft ist – wie bei der schon erwähnten Ergänzung deines Teams – immer die nach der konkreten Erfahrung. Ich meine nicht die Erfahrung beispielsweise in der Softwareentwicklung. Ich gehe davon aus, dass jede studierte Entwicklerin und jeder studierte Entwickler Software produzieren kann. Ich meine die konkrete Erfahrung im Kontext von Start-ups. Es ist etwas ganz anderes, Software-Produkte für Start-ups zu entwickeln als beispielsweise für ein größeres Unternehmen. Vom Budget bis zur Planung und Konzeption ist ein komplett anderes Denken gefragt. Dasselbe gilt auch, wenn man Marketing- oder Branding-Agenturen, Treuhandunternehmen hinzuzieht. Oft bieten Dienstleister an, dass man ihre Leistungen auch mittels Anteilen am Start-up bezahlen kann. Das ist ein guter Ansatz, um die Kosten zu Beginn tief zu halten. Überlege dir aber gut, welche Unternehmen du dir damit mit ins Boot holst. Denn sobald sie beteiligt sind, sind sie sofort auch Aktionäre und haben entsprechende Rechte. Binde nur Unternehmen an dich, die die Entwicklung deines Start-ups die nächsten drei Jahre massiv beschleunigen.

Überlege dir, strategische Partnerschaften durch ein vertragliches Vesting zu binden und abzusichern. Solltet ihr irgendwann unüberbrückbare Differenzen haben, kannst du die Beteiligung entsprechend rückabwickeln.

Das Minimum Viable Product

Das Minimum Viable Product, kurz das MVP, erlaubt es dir, dein Produkt bereits in einem sehr frühen Stadium zu testen. Früh bedeutet wirklich früh. Nämlich dann, wenn du noch gar kein Produkt zur Verfügung hast. Und obwohl der Begriff MVP das Produkt mit im Namen trägt, ist er eher irreführend. Die meisten MVPs beinhalten nur kleine Teile des angedachten Produkts und können nicht alle Fragestellungen des Problem Solution Fit beantworten. Konkret liefert ein MVP Antworten auf zwei Bereiche des Problem Solution Fit:

Ein MVP belegt durch eine fundierte Datengrundlage die Attraktivität und Bereitschaft zur Bezahlung deines Produktes am Markt.

Die oft vorherrschende Meinung ist, dass das MVP die erste Version des Produkts darstellt. Das ist aus meiner Sicht eine grundlegend falsche Basis für die Entwicklung. Klar, wenn du in einem Blue-Founder-Team bist und sowieso nur in Technologiebegriffen denkst, kann das MVP schon die erste Produktversion darstellen. Aber das Ziel eines MVP ist, etwas zu lernen und nicht nur technologische Basisarchitekturen herzustellen, die für die nächsten Jahre halten.

Varianten eines Minimum Viable Product

Natürlich gibt es sehr viele Möglichkeiten, um ein MVP umzusetzen. Von Buzzwords wie No-Code bis zum im Offshore fast fertig entwickelten Produkt habe ich schon viele Varianten gesehen. Grundlegend kannst du vom Smoke Test bis zum Single

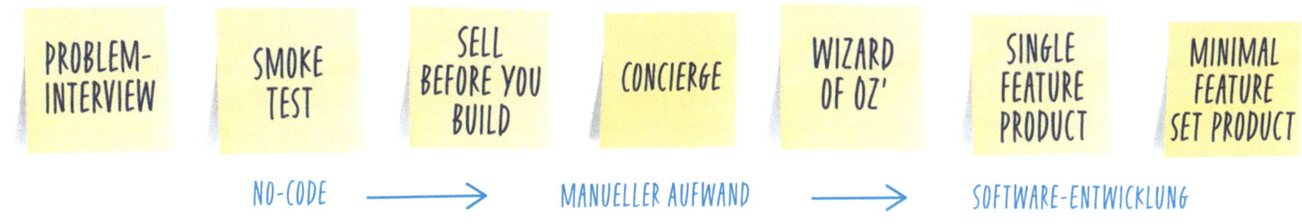

Abbildung 20: *Grundsätzlich kannst du vom Smoke Test bis zum Single Feature Product in allen Facetten ein MVP erfolgreich durchführen.*

Feature Product in allen Facetten ein MVP erfolgreich durchführen. Bei der Wahl des MVPs spielen verschiedene Faktoren eine Rolle:

Vorhandene Fähigkeiten im Team: Blue Founders haben kein Problem, in einer Woche ein Single Feature MVP zu entwickeln. Red Founders sind wiederum in der Lage, innerhalb von einigen Stunden eine Facebook-Kampagne zum Testen der Nachfrage auf die Beine zu stellen.

Die Produktidee: Die kurzfristige Herstellung eines Single Feature Product wird beispielsweise in der Hardware-Entwicklung sehr schwierig.

Der Markt: Kleine, hoch spezialisierte Märkte, beispielsweise im B2B-Umfeld, eignen sich schlecht für eine statistische MVP-Methode wie »Sell before you build«, die eine große Nutzerzahl benötigt.

Vorhandene finanzielle Mittel: Mit ausreichenden finanziellen Mitteln kann ein spezialisierter Dienstleister mit der Entwicklung beauftragt werden.

Probleminterview

Streng genommen sind Probleminterviews eigentlich kein MVP, sondern eine Methode aus dem Design-Thinking-Bereich. Bevor du irgendwelche MVPs entwickelst, lege ich dir trotzdem ans Herz, deine angedachte Kundengruppe persönlich zu interviewen. Durch die Interviews und die darauf basierten Werteversprechen kannst du dir Wissen und wichtige Erkenntnisse vor jeglicher MVP-Entwicklung aufbauen. Ziel des Probleminterviews ist es, herauszufinden, wer die frühen Nutzenden deines Produkts sein werden, welche Probleme du lösen wirst und wie sie diese Probleme heute lösen.

Beim Probleminterview geht es nicht darum, deine Idee zu verkaufen, sondern zu lernen, wie deine Nutzenden denken und das Problem lösen wollen. Ein einfacher Leitfaden:

- Wann hast du das letzte Mal das Problem gehabt?
- Was war die größte Hürde dabei?
- Warum war die Hürde so schwer zu überwinden?
- Wie hast du das Problem gelöst?
- Warum ist die Lösung nicht gut?

Smoke Tests

Smoke Tests sind die einfachste Form eines MVPs. Dabei wird das Produkt angekündigt oder eine erste Verfügbarkeit suggeriert. Zum Beispiel können auf einer Website oder auf einem Social-Media-Profil das zukünftige Produkt und seine Vorteile ausführlich beschrieben werden. Die Besuchenden haben somit die Gelegenheit zu reagieren, indem sie beispielsweise mehr Informationen anfordern. Die Zahl der Besuchenden, die Interesse zeigen, dient als Gradmesser für die zu testende Hypothese.

Die Vorteile:

- Durch den Einsatz mehrerer parallel laufender Landingpages kann gleichzeitig festgestellt werden, welche Botschaft besser ankommt (A/B Testing).
- Mit einfachen Registrierungsformularen kann bereits eine erste Interessentengruppe aufgebaut werden.
- Eine Landingpage kann innerhalb weniger Tage (wenn nicht gar Stunden!) erstellt und publiziert werden.
- Mit einem kleinen Werbebudget (um die hundert) lassen sich bereits Besucher(innen) generieren.

Wichtig bei einem Smoke Test ist es, immer eine konkrete Handlungsaufforderung zu haben. Da die Besuchenden bei einem Smoke Test nie das Produkt selbst kaufen, ist nur die Attraktivität belegbar. Wichtige Fragen im Problem Solution Fit sind zum Beispiel: »Welche Werteversprechen und Botschaften funktionieren am Markt?« oder »Kannst du als Founder Interessentinnen und Interessenten für deine Idee begeistern?« Aussagen wie: »Wir hatten tausend Besucherinnen und Besucher in einer Woche auf der Landingpage, und zweihundert haben sich auf die Warteliste eingetragen – wir sind auf dem richtigen Weg!« belegen die grundsätzliche Nachfrage vom Markt. Um jedoch die Zahlungsbereitschaft zu beweisen, musst du deinen MVP noch weiterentwickeln.

Sell before you build

Here we go. Der MVP der Wahl für alle Founders, die schnell vorwärtskommen wollen. Verkaufen, bevor du überhaupt ein Produkt zum Verkaufen hast. Dieser MVP erfordert eine gewisse Kaltschnäuzigkeit, da du deine zukünftigen Kundschaft mitten im Kaufprozess enttäuschen musst. Beim Sell-before-you-build-MVP versucht man, durch eine Pre-Order-Landingpage oder durch Crowdfunding-Angebote Kunden zu gewinnen – und das, bevor der offizielle Startschuss fällt und das eigentliche Produkt gebaut wird. Wichtige Bestandteile dieses MVP-Typs sind die A/B-Tests in entsprechenden Experimenten. Damit können verschiedene Preismodelle getestet werden: Zum Beispiel können mithilfe von Rabattcodes und Einführungsaktionen niedrigere Preise angeboten und ausprobiert werden.

Wichtig beim Sell-before-you-build-MVP ist die ehrliche Kommunikation von dem, was du tust. Wenn du bereits ein fertiges Produkt versprichst, ist dein Angebot irreführend. Wenn du aber ein Angebot für ein zukünftiges Produkt – mit Vorteilen bei einem frühzeitigen Kauf – machst, dann ist das ähnlich wie bei Crowdfunding-Projekten. Auch da wird in ein Produkt der Zukunft investiert. Ob und wie das Produkt umgesetzt wird, ist oft noch unklar. Du verkaufst an einige wenige Early Adopters. Leidenschaftliche Kundinnen und Kunden also, die früher als alle anderen Menschen kaufen und sich für die neuesten technischen Errungenschaften begeistern. Die Art von Menschen also, die bereits nach dem suchen, was du aufbauen möchtest, und die bereit sind, ein Risiko in Kauf zu nehmen und allein auf der Grundlage eines möglichen Proof of Concept kaufen wollen.

Concierge und Wizard of Oz

Wenn du dir dein idealisiertes Produkt vorstellst, denkst du möglicherweise an eine leistungsstarke Web-App, die den Kundinnen und Kunden ein reibungsloses Kundenerlebnis bietet, ihnen intelligente Empfehlungen dank Künstlicher Intelligenz gibt und mit netten personalisierten E-Mails nachfasst. Genau so, wie du es von anderen Unternehmen her kennst und schätzt. Das Problem daran: Die technische Umsetzung dieser Produktvorstellung übersteigt deine finanziellen Möglichkeiten um Weiten. Die Lösung für dein Problem ist der Concierge- oder Wizard-of-Oz-MVP. Dabei erbringst du alle notwendigen Produktleistungen manuell. Der Unterschied zwischen dem Concierge- und dem Wizard-of-Oz-Ansatz ist der Umstand, ob deine Kundschaft weiß, dass die Leistung durch Menschen und nicht Technologie erbracht wird oder nicht. Zudem legt der Wizard-of-Oz-Ansatz den Fokus auf das Testen einer bestimmten Lösung, während der Concierge-Ansatz darauf ausgerichtet ist, die effektiven Marktbedürfnisse zu erforschen. Hier ein paar Beispiele zum besseren Verständnis:

- Der Legende nach hat Spotify die individuellen Playlists vor der Entwicklung ihres Algorithmus von den Entwicklern manuell zusammenstellen lassen. Für die Kundinnen und Kunden wirkte es aber so, als ob sie vom Produkt, also von Technologie, zusammengestellt worden wären. Ein typischer Wizard-of-Oz-MVP.
- Ein Start-up, das ich begleiten durfte, versprach seinen Kundinnen und Kunden die optimale digitale Schließlösung für Gebäude. Statt zu

Beginn direkt einen Onlineshop mit den Einzelkomponenten zum Kauf zu eröffnen, haben wir eine persönliche Videoberatung angeboten. Dadurch konnten wir die Sprache, die Bedürfnisse und spezifische Probleme der Kunden herausfinden und danach in das Produkt einbauen. Ein typischer Concierge-MVP.

Diese beiden Ansätze erlauben es dir, auch die komplexesten Prozesse und Produkte am Markt zu testen. Durch die direkte Interaktion mit deiner zukünftigen Kundschaft lernst du zudem schnell, welche Teile deines Produkts funktionieren und welche du getrost weglassen kannst. Mach aber nicht den Fehler, mit deinem MVP in eine erste Skalierungsphase zu starten. Du wirst zwar kurzfristig Erfolg haben, aber langfristig an den zu hohen Prozesskosten scheitern.

Single Feature Product

Im Unterschied zum Concierge- und zum Wizard-of-Oz-MVP wird beim Single Feature Product bereits die erste Version deines Produkts entwickelt. Allerdings fokussierst du dich dabei auf eine oder einige wenige Kernfunktionen. Entwickelt werden nur wenige Features, die werden dafür aber vollständig ausgebaut (tendenziell können bei Wizard-of-Oz-MVPs mehr Features angeboten werden). Die Lerneffekte, die dabei entstehen, sind ähnlich. Die Rückschlüsse und Schlussfolgerungen demnach auch. Die MVPs Single Feature Product sowie Wizard of Oz drehen sich also eher um das eigentliche Produkt und erfreuen sich entsprechender Beliebtheit in der Community. Als Founder möchtest du ja möglichst rasch deine Produktvision Realität werden lassen. Hüte dich jedoch vor den folgenden Fallstricken beim Single Feature Product:

- Auch beim Single Feature Product entwickelst du nicht dein Minimal Feature Set Product. Also nicht die erste Version deines Produkts. Warum? Weil dein MVP für rasche Lernzyklen gebaut wird und nicht für die Skalierbarkeit am Markt. Und das bringt mich gleich zum zweiten Punkt.

- Deine erste Version des Single Feature Product wird trotz allem User Experience Design noch nicht ideal funktionieren. Deine Kunden werden Fehler finden, dir werden unbedingt nötige Funktionen fehlen. Stell dich schon mal drauf ein, dass du nach der ersten Version des MVP noch ein paar Iterationen brauchen wirst, bis das MVP die Lernziele erreichen wird.
- Die eingesetzte Technologie für das MVP muss nicht dem zukünftigen Technologie-Stack, also der zukünftig eingesetzten Technologie, entsprechen. Wie erwähnt ist das Ziel beim MVP das Lernen und nicht die optimale Cloud-Skalierbarkeit.

Aber seien wir mal ehrlich: Auch ich verfalle ab und an dem Denkmuster: »Das MVP ist schon fast mein Produkt«, und bin versucht, zu viele Features in mein MVP einzubauen. Ein Schon-fast-fertiges-Produkt-MVP macht auch einfach viel mehr Spaß. Aber gerade als Founder musst du dieser Versuchung widerstehen. Außer du hast wichtige Gründe. Und das führt mich zur letzten MVP-Variante.

Minimal Feature Set Product

Das Minimal Feature Set Product ist eigentlich schon kein MVP mehr. Es ist die Ausprägung des Produkts, wie es in deinem Founder-Kopf schon existiert. Es kann durchaus Gründe geben, die für das Minimal Feature Set Product statt eines einfacheren MVP sprechen. Ein Start-up, das beispielsweise seinen Mehrwert nur dank einer spezifischen Technologie überhaupt erbringen kann, kommt nicht um eine erste Produktversion herum. Gerade in den CryptoTech-Start-ups oder bei Start-ups, die im Bereich der angewandten Forschung tätig sind, gibt es kaum einen Weg, ohne ein Produkt genügend Traktion am Markt belegen zu können. Als Founder musst du dir bewusst sein, dass du deine Lerngeschwindigkeit und deine Kosten massiv steigerst zugunsten der Chance, nachhaltig von der Investition in deine Entwicklung profitieren zu können.

> **Ich mache für fast jede Idee ein MVP. Sogar für dieses Buch habe ich ein Smoke-Test-MVP gemacht. Und erst nachdem ich genügend Interesse festgestellt hatte, habe ich mit dem Schreiben begonnen.**

Checkliste

- [ ] Welche Art MVP ist für dich ideal, um deine Hypothesen zu beweisen?
- [ ] Wie setzt du das MVP mit minimalen Mitteln um?

FINANZIERUNG

In a Nutshell

Die Finanzierungsrunden sollten gut vorbereitet sein. Auch auf einer Reise sollte dir ja besser nicht mittendrin das Geld ausgehen. Eine gute Planung ist deshalb unerlässlich. Eine kleine Randnotiz für dich, wenn du zum ersten Mal eine Finanzierung machst: Ein guter Advisor oder Anwalt verhindert die ersten, oft fatalen Fehler gleich im Vorfeld. Die Voraussetzungen für ein nachhaltig erfolgreiches Fundraising lassen sich in vier goldenen Regeln zusammenfassen:

- Plane pro Runde, zwischen zehn und zwanzig Prozent an Verwässerung.
- Lass dir pro Runde eine Runway von mindestens zwölf bis maximal vierundzwanzig Monaten finanzieren.
- Pflege konstant zwischen achtzig und hundert Investorenkontakte.
- Verwende dasselbe Term Sheet für alle Teilnehmenden in derselben Runde.

Diese vier Regeln vereinfachen dir das Fundraising massiv. Wenn du davon abweichst, wirst du immer Diskussionen und Probleme im Fundraising haben. Durch eine konsequente Planung und saubere Vorbereitung passt du in die Raster der Investierenden und du agierst ohne zeitlichen Druck. Da dich die Investierenden durch deine Vorarbeit bereits kennen, ist eine Entscheidung verhältnismäßig rasch möglich. Das fixe Term Sheet beendet alle Verhandlungen, beispielsweise mit der Liquidation Preference, sofort, und durch die klare Vorstellung der abzugebenden Anteile ist auch klar, wie viel dein Unternehmen aus deiner Sicht aktuell wert ist. So können Investierende nur noch argumentieren, dass nach ihrer Einschätzung die Bewertung mit der vorliegenden Traktion zu hoch sei. Investieren sie folglich nicht, ist es ihre Entscheidung.

Abbildung 21: *Die Arbeitsschritte für eine erfolgreiche Finanzierung.*

Für die erfolgreiche Finanzierung wirst du die verschiedensten Arbeitsschritte durchführen müssen. Hier eine Übersicht, was dich im folgenden Kapitel alles erwartet:

Bei einem Start-up ist Geschwindigkeit oft ein entscheidender Faktor zum Erfolg. Während du im Problem Solution Fit noch ohne fremde Hilfe schnell genug bist, brauchst du für die weitere Entwicklung in Richtung Product Market Fit meistens mehr Unterstützung. Und diese Unterstützung ist nicht mehr ideologisch motiviert, sondern möchte bezahlt sein. Der Moment der ersten Finanzierungsrunde steht vor der Tür. Klar, manchmal ist auch ein organisches Wachstum, das sogenannte Bootstrapping, möglich – insbesondere bei Märkten und Produkten, die bereits gut etabliert sind und daher keinen raschen Aufbau mehr benötigen. Ich habe diese Szenarien im Kapitel »Markt« beschrieben. Hier möchte ich tiefer in die Thematik der Fremdfinanzierung mit Investorinnen und Investoren eingehen.

Die Grundlagen des Fundraising

Ein Start-up braucht regelmäßig neues Kapital, um die weitere Entwicklung und das angestrebte Wachstum im gewünschten Tempo finanzieren zu können. Dieses Kapital wird üblicherweise in den ersten Jahren von Business Angels oder Venture-Capital-Fund in einer sogenannten Kapitalrunde beschafft. Die Dimensionen solcher Investitionen sind abhängig von der Branche und dem Entwicklungsstand eines Start-ups. Damit von denselben Dimensionen (Wert des Unternehmens, Wert einer Aktie) ausgegangen wird, werden sogenannte Pre-Money- und Post-Money-Bewertungen veranschlagt.

Investitionen in Start-ups werden Risikokapital oder Venture Capital genannt. Investierende verzichten dabei auf eine Absicherung seitens des Start-ups und erhalten als Gegenleistung einen Anteil am Unternehmen. Sie werden dadurch zu Minderheitsbeteiligte mit Anspruch auf Kontroll- und Mitspracherechte. Das Start-up ist vertraglich weder dazu verpflichtet, das Kapital zurückzahlen noch dieses zu verzinsen.

Das Ziel der Investor(inn)en im Start-up-Umfeld ist meistens der sogenannte Exit. Als Exit wird der Verkauf aller oder eines Teiles der Aktien an einen Meistbietenden bezeichnet. Je nach Strategie von Founders oder Investierenden wird ein Exit zum mehrfachen Kaufpreis, dem sogenannten Multiple, angestrebt. Während ein Venture-Capital-Funds aufgrund seiner Strukturen einen Multiple von mindestens zehn anstrebt, sind Business Angels oft auch mit weniger zufrieden.

In den ersten sechsunddreißig Monaten werden Finanzierungsrunden entsprechend dem Entwicklungsstandes des Start-ups benannt:

Pre-Seed	**Seed**	**Series A**
Problem Solution Fit	Product Market Fit	Skalierung Vertrieb
Mit der Pre-Seed-Finanzierungsrunde wird die Erarbeitung des Problem Solution Fit finanziert. Je nach Branche des Start-ups kann diese Phase auch gänzlich ohne externe Finanzierung durchgeführt werden.	Mit der Seed-Finanzierung entwickelst du die Basis für deinen Product Market Fit. Die Finanzierung investierst du in die Entwicklung deines skalierbaren Produktes und in die Marktbearbeitung.	Mit der Series A beginnst du den strukturierten Ausbau deiner Marktanteile. Dabei sind die Weiterentwicklung deines Produkts sowie die entsprechende Vermarktung und das dadurch erzielte Wachstum zentral.

Ein Spezialfall ist die Bridge-Finanzierung. Erreichst du mit der bereits erfolgten Finanzierung dein Ziel nicht – beispielsweise hast du es nicht geschafft, mit deiner Seed-Finanzierung einen genügenden Nachweis für den Product Market Fit zu erzeugen –, benötigst du eine Bridge-Finanzierung. Das ist eine kleine Finanzierung, oft durch die bestehenden Investierenden durchgeführt, die dem Start-up ein paar Monate mehr Zeit verschafft.

> **Zur Erinnerung: Im Leben eines Founders dauert jeder Plan doppelt so lange und kostet doppelt so viel wie angenommen.**

Checkliste

- [ ] Wie sieht die optimale Investorin oder der beste Investor für dich aus?
- [ ] Warum sollten die Investierenden ausgerechnet in dich investieren?
- [ ] Wie hoch wird deine angestrebte Pre-Money-Bewertung?

INVESTIERBAR SEIN

Wenn du deine Arbeit im Problem Solution Fit gut gemacht hast, dann ist dein Start-up wohl bereits investierbar. Der Vollständigkeit halber möchte ich dir trotzdem noch ein paar Informationen mit auf den Weg geben.

Start der Finanzierungsrunde

Damit du genügend Zeit hast, um deine Finanzierungsrunde durchführen zu können, solltest du über eine Runway von mindestens sechs Monaten verfügen. Wenn du weniger Zeit hast, dann wirkst du für potenziellen Investorinnen und Investoren rasch verzweifelt und kannst nicht aus einer Position der Stärke heraus verhandeln.

Dein Team als entscheidender Faktor

Auch wenn im Founder's Fit sowieso immer von einem Team die Rede ist, muss ich die Wichtigkeit des Wortes »Team« nochmals betonen. Wenn du als Founder im Problem Solution Fit noch allein engagiert bist, dann wird es höchste Zeit, dass du dich um Co-Founders bemühst. Denn sogenannte Single Founders sind oft ein No-Go bei Investierenden. Warum? Weil es spätestens ab dem Product Market Fit schlicht und ergreifend zu viel Arbeit für eine Person wird. Also beginne früh, dich mit den notwendigen Kompetenzen im Team zu umgeben. Und da du wahrscheinlich noch nicht über ausreichende finanzielle Mittel verfügst, suchst du eher nach Co-Founders als nach Angestellten. Welche Kompetenzen du für dein Team noch brauchst und wie du diese findest, habe ich dir ja bereits im Kapitel »Founder's Fit« beschrieben.

Traktion am Markt definiert den Preis

Die Frage der Bewertung klären wir gleich. Aus Sicht der Investierenden ist es wichtig, dass dein Start-up bereits relevante Traktion nach dem Problem Solution Fit an den Tag legt. Ich spreche hier von Kundschaft und entsprechenden Umsätzen in relevantem Umfang. Wenn du diese Art Traktion am Markt aufgebaut hast, hast du eine gute Chance, Investoren überzeugen zu können. Die Daumenregel hier lautet: Je mehr Traktion, umso höher kannst du den Preis pro Aktie ansetzen. Ohne Traktion hilft oft auch der beste Vision Sell Pitch nichts. Dein Start-up hat in diesem Moment halt nur Ideenstatus und ist entsprechend nur wenig wert. Ausnahmen bestätigen aber auch die Regel.

Bei Investor(inn)en präsent sein

Viele Start-ups starten erst spät mit der Präsenz und entsprechender Sichtbarkeit bei Investierenden. Gut wäre es, früh in direktem Kontakt mit potenziellen Investierenden zu stehen und erste Informationen vorzeitig zu teilen. Sich selbst im Markt und bei Investierenden bekannt zu machen, ist sinnvoll. Dabei bieten sich Konferenzen, PR-Artikel, aber auch Social Networks an. Starte bereits jetzt mit dem Feed of good News. Also mit gezielt platzierten positiven Neuigkeiten über dein Start-up, die du mit den potenziellen Investierenden regelmäßig teilst. Als Daumenregel empfehle ich dir, bei rund achtzig bis hundert Investierenden präsent zu sein, die für deine anstehende Runde interessant sein könnten. Also, suche deine passenden Investierenden noch heute.

Was ist mein Finanzbedarf?

Deinen Finanzbedarf kannst du sehr einfach aus deiner berechneten Burn Rate für die nächsten zwölf bis vierundzwanzig Monate ableiten. Einfach berechnet ist dein Finanzbedarf deine prognostizierte Burn Rate multipliziert mit der Anzahl der zu finanzierenden Monate, die du benötigst, um deine definierten Ziele nach der Investitionsrunde zu erreichen. Dein Ziel für die nächste Finanzierungsrunde sollte das Erzielen einer dreimal höheren Bewertung sein. Und was musst du in deinem Start-up tun, um dieses Ziel zu erreichen? Das hast du bereits in die Planung sowie Kosten- und Umsatzprognose mit einbezogen. Nehmen wir diese Werte auch hier wieder als einfaches Beispiel:

Kostenprognose

	Januar	Februar	März	April
Personalkosten	25 000	25 000	35 000	40 000
Marketing und Vertrieb	10 000	10 000	15 000	15 000
Produktentwicklung	25 000	25 000	25 000	25 000
Total Burn Rate	60 000	60 000	70 000	80 000

Umsatzprognose

	Januar	Februar	März	April
Anzahl Kund(inn)en	200	210	225	240
Abo (50 pro Kunde)	10 000	10 500	11 250	12 000
Neuinstallation (100)	1 000	1 000	1 500	1 500
Total Umsatz	11 000	11 500	12 750	13 500

Erfolgsrechnung und Finanzbedarf

	Januar	Februar	März	April
Total Burn Rate	60 000	60 000	70 000	80 000
Total Umsatz	11 000	11 500	12 750	13 500
Netto-Burn-Rate	(49 000)	(48 500)	(57 250)	(66 500)
Liquidität Monatsende	51 000	2 500	(54 750)	(121 250)

Du erinnerst dich sicherlich an die Berechnung der Kostenstruktur im Problem Solution Fit. Hier haben wir nun die erwähnte Netto-Burn-Rate. Wenn wir uns die Einhunderttausend an vorhandener Liquidität in Erinnerung rufen, siehst du, dass das Start-up in unserem Beispiel sogar noch ein paar Wochen länger durchhalten wird. Spätestens Mitte März wird aber eine Finanzierung notwendig. Der Finanzbedarf kann nun aus der Berechnung der noch vorhandenen Liquidität in den nächsten zwölf bis vierundzwanzig Monaten herausgelesen werden. In unserem Beispiel wäre der kumulierte Finanzbedarf per Ende April 121 250.

Was ist meine aktuelle Bewertung?

Die Hauptfrage vieler Founders: Wie komme ich auf die aktuelle Bewertung? Eine gute Frage und oft weniger wissenschaftlich, als von vielen Menschen angenommen. Kurz: Es wird bezahlt, was die Investor(inn)en als Wert akzeptieren. Du musst dir über deinen Finanzbedarf sicher sein. Die Bewertung kannst du dann anhand des notwendigen Finanzbedarfs berechnen. Angenommen, du benötigst in der Seed-Runde eine Investition von einer Million und gibst zwanzig Prozent deines Start-ups ab, dann ist deine Post-Money-Bewertung fünf Millionen, also der Start-up-Wert nach der Finanzierungsrunde. Wichtig ist, dass du pro Runde zwischen fünfzehn und fünfundzwanzig Prozent an Anteilen für neue Investierende planst. Dadurch hast du beziehungsweise bist du nach der Series A sicherlich noch die Mehrheit im Aktionariat und kannst entsprechend rasch entscheiden und agieren. Wenn wir im Software-Start-up-Markt der Schweiz bleiben, dann kann ich dir ein paar grobe Anhaltspunkte zu den aktuell üblichen Dimensionen des Fundraising liefern:

	Pre-Seed	Seed	Series A
Finanzbedarf	CHF 20 000 bis 200 000	CHF 300 000 bis 1 000 000	CHF 1 500 000 bis 5 000 000
Bewertung	CHF 80 000 bis 1 000 000	CHF 1 500 000 bis 5 000 000	CHF 4 500 000 bis 25 000 000

> **Setze lieber eine niedrige Bewertung an und organisiere rasch frisches Kapital für dein Start-up, als deine Anteile im Exit-Fall zu optimieren. Mit frischem Kapital kannst du dich schnell wieder auf deine Kundschaft fokussieren statt auf die Geldbeschaffung.**

Wie finde ich die richtigen Investor(inn)en?

Verschaffe dir ein klares Bild über deine zukünftigen Investierenden. Die Auswahl der richtigen Investorinnen und Investoren ist mindestens ebenso wichtig wie die Entwicklung deines Produkts. Bevor du also einen Investor bei dir begrüßt, mache dir Gedanken zu den folgenden Kriterien:

- Netzwerk: Hat der Investor ein Netzwerk in deiner Branche oder kennt er potente andere Investor(inn)en?
- Marktzugänge: Kann er dich in einen Markt einführen oder deutlich beschleunigen?
- Finanzielle Möglichkeiten: Kann er in den folgenden Runden ebenfalls wieder investieren oder ist es ein One-Time-Deal?
- Erfahrung und Wissen: Hat er Erfahrungen, die dich beschleunigen oder das Risiko in deinem Start-up mindern?
- Vertragliche Rahmenbedingungen: Welche Ansprüche stellt der Investor und ist es vereinbar mit den anderen Investor(inn)en?
- Werte: Handelt er nach denselben Werten, nach denen du in deinem Start-up lebst und handelst?

Pro Runde sind wahrscheinlich wieder andere Investor(inn)en interessiert an einer Beteiligung. Aufgrund meiner Erfahrungen auf dem Schweizer Markt kannst du die folgende Unterscheidung als ungefähre Leitplanke verwenden:

	Pre-Seed	Seed	Series A
Typische Investor(inn)en	Family and Friends	Business Angels	Venture Capital
Ticket Size pro Investment	CHF 5 000 bis 20 000	CHF 25 000 bis 250 000	CHF 100 000 bis 1 000 000
Beschreibung	Family and Friends geben dir in kleinem Umfang Geld und sind keine professionellen Investierende, die eine Renditerechnung aufmachen. Sie glauben schlicht und ergreifend an dich und dein Start-up. Also enttäusche sie nicht. Sei von Anfang an transparent, dass sie alles Kapital verlieren werden, wenn das Start-up nicht erfolgreich wird.	Oft sind Business Angels die ersten Profis. Sie haben sich ihre finanziellen Mittel selbst erarbeitet und investieren nun strategisch in für sie passende Start-ups. Sie haben meistens einen klaren Fokus und persönliche Expertise in den Bereichen, in die sie investieren. Es gibt aber auch immer mehr Early Stage Venture Capital Investors, die ebenfalls schon früh investieren.	Venture Capital ist ein strukturierter Fonds, der ausschließlich in Risikokapital mit einer Chance auf eine möglichst hohe Rendite investiert. Aufgrund des Geschäftsmodells benötigt ein Venture-Capital-Unternehmen die Aussicht auf eine Investitionsrendite um mindestens den Faktor zehn, um funktionieren zu können.

Die entsprechenden Investierenden wollen aber auch alle gefunden werden. Während Venture-Capital-Funds meist prominent im Internet vertreten sind, sind Business Angels eher scheue Wesen. Hier ein paar Ideen, wie du zu Investierenden kommst:

Warm Introduction: Die meisten Investierenden werden durch Empfehlungen von Bekannten auf ein Start-up aufmerksam. Auch wenn viele Venture-Capital-Funds einen stattlichen Deal Flow, also an einem Investment interessierte Start-ups, aufweisen, werden die echt heißen Start-ups durch gut vernetzte Advisors oder Business Angels vermittelt.

Desk Research: Venture-Capital-Unternehmen findest du oft durch eine einfache Desk Research. Suche nach Start-ups in der gleichen Branche, finde heraus, wer da investiert hat. Suche nach Menschen, die im Start-up-Ökosystem gut vernetzt sind und entsprechend viele Investierende kennen.

Events: Investorinnen und Investoren tummeln sich auch gerne auf den vielen Veranstaltungen für Start-up-Investments. Angel Clubs, Start-up-Wettbewerbe oder Auszeichnungen bieten dir eine Bühne, auf der dich potenzielle Investierende entdecken können.

CRM: Last but not least verwende ich immer eine CRM-Lösung, mit der ich den Status der meiner Kontakte, die Kommunikation und ihr Feedback festhalte. Es kann durchaus sein, dass eine Investorin an der aktuellen Finanzierungsrunde noch kein Interesse hat, aber in der nächsten gerne berücksichtigt werden würde.

Stelle möglichst früh einen positiven Kontakt zu möglichen Investierenden her. Startest du erst damit , wenn du welche für deine Finanzierungsrunde brauchst, bist du zu spät dran. Die Suche nach Investorinnen und Investoren ist in den ersten Jahren eine kontinuierliche Aufgabe von dir als Founder.

DIE NOTWENDIGEN UNTERLAGEN

Für die Durchführung deiner Finanzierungsrunde wirst du eine Anzahl von notwendigen Unterlagen bereithalten müssen. Im folgenden Kapitel gebe ich dir eine Übersicht über die zu erstellenden Dokumente.

Dein Finanzplan erlaubt dir einen Well-educated Guess, eine auf Erfahrung basierende Annahme, über die finanzielle Entwicklung deines Start-ups der nächsten Jahre. Wenn du die Kosten- und Umsatzprognose für die Berechnung des Finanzbedarfs seriös gemacht hast, dann ist der Finanzplan für dich bereits erledigt. Alles, was du jetzt noch machen musst, ist, deine Annahmen für potenzielle Investierenden nachvollziehbar zu dokumentieren.

Der Businessplan

Ja, auch als Start-up solltest du so was wie einen Businessplan haben. Selbst wenn dieser eigentlich mehr eine Dokumentation deiner bisherigen Erkenntnisse ist. Die Form des Businessplans, ob als Dokument oder als Präsentation, ist grundsätzlich Geschmacksache. Wichtig ist, dass darin die Eckpunkte rund um dein Businessmodell verständlich für Dritte dokumentiert sind. Zudem kannst du mit einem soliden Businessplan eine mentale Checkliste führen, ob du an alles gedacht hast.

Ich verwende immer mehr oder weniger dieselbe Struktur. Diese hat den Vorteil, dass ich viele Inhalte von den bisherigen Arbeitsergebnissen aus dem Problem Solution Fit nur noch übernehmen muss:

Kapitel	Inhalt
Zusammenfassung	Zusammenfassung des Businessplans für Menschen ohne Zeit
Markt	Problem, Lösung, Marktdefinition und Marktpotenzialanalyse
Produkt	Produktkonzept, Unique Value Proposition und Preismodell
Businessmodell	Werteflüsse, Kundensegmente, Kundennutzen, Schlüsselaktivitäten, Schlüsselressourcen, Partnerschaften
Konkurrenz	Wer ist deine Konkurrenz und wie kannst du dich mit deiner Lösung abheben?
Marketing & Vertrieb	Marke, Marketingkanäle und Kundenbeziehung
Team	Beschreibung des Founder-Teams, wichtige Advisors bei Bedarf/Nutzen für den Pitch

Kapitel	Inhalt
Roadmap	Grober Vorgehensplan, etwaige Quality Gates, die zu erreichen sind
Risikoanalyse	Bekannte Risiken mit Ideen zur Mitigation
Finanzen	Planerfolgsrechnung, Finanzierungsbedarf und Investorenstrategie
Impressum	Kontaktdaten und Vertraulichkeit

Bitte schreibe nur so viel, wie wirklich notwendig ist, um deine Gedankengänge nachvollziehen zu können. Formuliere in einer ansprechenden und fehlerfreien Sprache. Eine saubere Darstellung ist selbstverständlich. Verwende Grafiken und Darstellungen, wo immer diese der Verständlichkeit dienlich sind.

Der Businessplan hat für mich insbesondere den Wert des strukturierten Durchdenkens. Ich vergesse keinen wichtigen Bereich und kann die Zusammenhänge im Geschäftsmodell erkennen. Am Schluss resultiert daraus eine Dokumentation, die ich den interessierten Investorinnen und Investoren abgeben kann. Meine Businesspläne sind meist zwischen zehn und maximal vierzig A4-Seiten lang.

Der Cap Table

Der Cap Table ist, einfach gesagt, die Aufzeichnung der Eigentümerschaft des Start-ups. Du führst Buch über die bisherige und die geplante Entwicklung deines Start-ups und dokumentierst damit dessen Marktwert. Finanzierungsrunden werden als Kapitalerhöhung durchgeführt. Dabei wird das Stammkapital des Start-ups erhöht und die Anteile der bestehenden Beteiligten verringern sich um den entsprechenden Prozentsatz des geschaffenen Kapitals. In einem Cap Table werden so die Aktienanteile pro Teilhabende und die sogenannte Dilution – auf Deutsch Verwässerung – über die durchgeführten und geplanten Finanzierungsrunden ersichtlich.

Die wohl geläufigste Form eines Cap Table ist eine Excel-Tabelle. Darin enthalten sind die einzelnen Investitionsrunden und pro Runde die Pre- und Post-Money-Bewertung, der Preis pro Aktie und die Fully-diluted-Anteile der Beteiligten. Jedes Start-up und jeder Investor führt den Cap Table in seiner eigenen Art und Weise. Wichtig ist jedoch die lückenlose Dokumentation der einzelnen Runden und Teilhabenden, denn die Tabelle ist für jede Finanzentscheidung in Bezug auf Kapitalbeteiligungen, Marktkapitalisierung und Marktwert unerlässlich. Start-ups entwickeln sich zudem ständig weiter und damit auch ihr Cap Table: Zum Beispiel werden zur Deckung des Kapitalbedarfs mehrere Finanzierungsrunden durchgeführt, Aktienoptionen zur Beteiligung von Mitarbeitenden ausgegeben, oder Investierenden verkaufen, übertragen oder lösen ihre Aktien ein. All diese Maßnahmen – und noch viele weitere – verändern die Kapitalisierungstabelle. Es ist daher sehr wichtig, dass der Cap Table regelmäßig aktualisiert und vor allem genau geführt wird.

> **Idealerweise hast du nach der Series-A-Finanzierungsrunde noch immer die Mehrheit im operativen Team. Versuche, deine Runden entsprechend zu gestalten.**

Das Non-Disclosure Agreement

Ein Non-Disclosure Agreement, kurz NDA, also eine Geheimhaltungsvereinbarung, in deiner ersten Finanzierungsrunde finde ich umständlich und vom rechtlichen Nutzen her fragwürdig. Ich bin der Meinung, dass das Unterschreiben eines NDA vor dem Versand des Pitch Decks potenzielle Investierende abschreckt. Wenn Investorinnen und Investoren zuerst ein NDA mit hohen Strafandrohungen – sonst bringt es ja eh nichts – unterschreiben sollen, dann werden sie sich recht schnell zurückziehen. Zudem: Wenn deine Idee wirklich so einzigartig ist, dann bist du gut beraten, sie eher patentieren zu lassen, als dein Pitch Deck mit einem NDA abzusichern. Bei späteren Runden, wo effektiv bereits ein starker Business Value geschaffen wurde, sieht das Ganze natürlich anders aus.

Ich habe noch kein einziges NDA in meiner Karriere gesehen, das zu einer Klage geführt hat. Vielleicht arbeite ich in der falschen Branche, aber ich glaube nicht an den Nutzen von NDA zum Schutz meiner Geschäftsidee. Ich halte es für sinnvoller, das Produkt patentieren zu lassen oder aber den Markterfolg schnell umzusetzen.

Das Term Sheet

Das Term Sheet hält die wichtigsten Bedingungen für deine Finanzierungsrunde fest, ohne dass bereits viel Zeit und Geld in die Ausarbeitung eines ausgereiften Vertrages geflossen ist. Es ist eine kurze Zusammenfassung der Eckpunkte der Finanzierung und sollte höchstens ein paar Seiten umfassen.

Hier eine Auflistung der Inhalte eines Term Sheet einer Seed-Runde, stark gekürzt und ohne Anspruch auf Vollständigkeit:

Gesellschaft	Der Name deines Start-ups
Parteien/ Gründungspartei	Die bisherigen Aktionäre, die Teil des Term Sheet sind
Zweck	Zweck des Term Sheet, beispielsweise die Regelung einer Finanzierungsrunde
Grundsätze	Wohlverhaltensklausel, Vertragsrangfolgen
Kapitalisierung	Auflistung des Eigenkapitalbedarfs der Finanzierungsrunde, vorhandene Darlehen oder bedingtes Aktienkapital beispielsweise für die Mitarbeiterbeteiligung
Finanzierung	Planung der weiteren Finanzierung, etwaige Nachschusspflichten der bereits investierten Beteiligten.
Gewinnverwendung	Geplante Gewinnverwendung wie beispielsweise Dividendenausschüttung
Governance	Governance des Start-ups wie Verwaltungsrat, Renumeration und operative Führung
Veräußerungsbeschränkungen	Veräußerungsverbote, Vorkaufsrechte, Mitverkaufsrechte (Tag-Along), Mitverkaufspflichten (Drag-Along) und Kaufrechte
Bewertung der Aktien	Bewertung der Aktien im Falle eines Kaufes oder Verkaufes
Liquidationspräferenzen/ Dividendenpräferenzen	Spezielle Regelungen im Falle von Dividendenzahlungen oder im Exit-Fall zur Absicherung von Investierenden im Vorrang zu den Gründenden.

Anti-Dilution	Klausel zum Schutz von Investierenden im Falle einer sogenannten Downround und zur Sicherung der Anteile bei weiteren Finanzierungsrunden.
Konkurrenz- und Abwerbeverbot	Konkurrenzverbot und Abwerbeverbot für Mitarbeitende.
Vertraulichkeit	Vertraulichkeitsregelung der Konditionen der Finanzierungsrunde
Dauer	Inkrafttreten und Dauer der Gültigkeit
Streitigkeiten	Gerichtsort bei Streitigkeiten

Natürlich steckt auch hier der Teufel im Detail. Du musst dir im Klaren sein, welche Definitionen im Term Sheet welche Konsequenzen für dein Start-up haben. Jede dieser Konditionen wäre an sich schon fast kapitelfüllend. Und ich bin kein Anwalt. Mein eigener Erfahrungsschatz reicht für viele Anwendungen aus, aber trotzdem möchte ich hier nicht ausführlicher werden. Ich empfehle dir, dich mit anderen Founders über ihre Konditionen auszutauschen und bei Bedarf einen spezialisierten Anwalt für die Erarbeitung hinzuzuziehen.

Checkliste

- ☐ Finanzplan inklusive Bewertung und Finanzbedarf
- ☐ Term Sheet
- ☐ Cap Table
- ☐ Non-Disclosure Agreement
- ☐ Businessplan
- ☐ Pitch Deck
- ☐ Teaseransprache
- ☐ Feed of good News

DER ERSTE EINDRUCK

Investorinnen und Investoren gibt es viele, aber nur wenige sind an dir interessiert und passen auch zu deinem Start-up. Damit du den Überblick behaltest, empfehle ich dir, eine Liste mit potenziellen Investorinnen und Investoren aufzustellen und sie zu bewerten. Eine Skala von A bis C reicht. Nimm nicht gleich zuerst mit deiner Wunschinvestorin oder deinem Wunschinvestor Kontakt auf, sondern geh auf eine Handvoll mit C bewerteten Investorinnen und Investoren zu. Dadurch vergraulst du nicht gleich zu Beginn deine Wunschkandidaten und kannst vom Feedback der vermeintlich kleinen und unpassenden Investierenden lernen. Deine Einschätzung könnte auch falsch sein, und der vermeintliche C-Investor verfügt über ein tolles Netzwerk und empfiehlt dich weiter. So oder so kriegst du Feedback und Übung in deinem Pitch. Auch eine Absage ist im Normalfall begründet. Die Frage ist nur, ob du sie auch hören willst.

Ein Wort zum Umfang deiner Liste: Nur wenn du in deinem CRM eine Long List von mindestens sechzig bis achtzig Personen und Unternehmen hast, hast du auch eine Chance, deine Finanzierungsrunde erfolgreich durchzuführen.

Und nochmals, da es wirklich wichtig ist: Bitte kümmere dich nicht erst um den Aufbau deiner Investorenliste, wenn du unter Druck stehst. Mach dich früh mit potenziellen Investierenden vertraut und halte einen losen, aber interessanten Kontakt. Nicht in erster Linie, um bereits früh dein Pitch Deck zu platzieren und eine Finanzierung zu sichern, sondern um dir wohlwollende Kontakte aufzubauen. Diese kannst du auch immer wieder mal aktivieren, damit sie dir ein offenes Feedback zu deiner Ansprach oder deinem Pitch Deck geben, ohne gleich eine, oft unwiderrufliche, Absage zu erhalten.

Es wird oft unterschätzt, wie schwierig die direkte, sogenannt kalte, Kontaktaufnahme ist. Oft hören Investierende zum ersten Mal von dir und deinem Start-up. Umso wichtiger ist es, dass deine Ansprache und die mitgelieferten Informationen ansprechend und zielführend sind. Dein Ziel in dieser Phase ist es noch nicht, potenzielle Investorinnen und Investoren bereits zur Finanzierung zu überzeugen, sondern überhaupt einen Termin zur gegenseitigen Vorstellung zu erhalten.

Die Teaseransprache

Die Teaseransprache, die du versendest, sollte so persönlich zugeschnitten sein wie nur möglich. Bitte versende keinen Einheitsbrei, sondern nimm Bezug auf die jeweiligen Investierenden und deren Interessen. Geh beispielsweise auf ihre bisherigen Investments oder ihre Expertise ein, die nachweislich deinem Start-up helfen können. Bewährt hat sich für solche Teaseransprachen das Du-ich-wir-Schema. Es ist eigentlich sehr einfach, zwingt dich aber, dich mit den Menschen sehr intensiv zu beschäftigen. Die Ansprache erfolgt dann so:

Du	Warum schreibe ich die Investorin oder den Investor an? Welche ihrer Fähigkeiten oder Investments haben mich bewegt, Kontakt aufzunehmen? Was bewundere ich an ihnen?
Ich	Wer bin ich und was macht mein Start-up?
Wir	Warum ist die Investorin oder der Investor die perfekte Person, um mit meinem Start-up erfolgreich zu werden? Wo existieren gegenseitige Interessen und Synergien?

Eine solche Teaseransprache führt meistens mindestens zu einer Reaktion. Auch wenn es möglicherweise eine Absage ist, wird die von dir investierte Zeit wertgeschätzt und du bleibst positiv in Erinnerung.

Auch ein guter Weg zu neuen Investorinnen und Investoren: Eine persönliche Vorstellung von dir bereits bekannten und wohlgesonnenen Menschen. Dann wird die unangenehme Kontaktanfrage hinfällig und die Verpflichtung zu einer Reaktion ist viel höher.

Das Pitch Deck

Eines meiner Lieblingsthemen: das Pitch Deck. Du kannst hier sehr viel richtig, aber auch noch mehr falsch machen. Damit du meine Argumentation nachvollziehen kannst, ist es wichtig zu verstehen, dass Investierende grundsätzlich keine Zeit haben, um sich ausführlich mit deinem Markt und deiner Idee zu beschäftigen. Du musst also im Pitch Deck eine Form wählen, die sie kennen, in der sie sich wohlfühlen, und sie innerhalb der ersten drei bis maximal fünf Folien für dein Start-up begeistern können.

Investor(inn)en müssen nach fünf Folien im Pitch Deck mehr erfahren wollen.

Verschwende also die ersten Folien nicht für Langweiliges und Offensichtliches. Ich selbst mache meine Pitch Decks grob nach dem folgenden Schema:

1. Begrüßung: Ich führe hier gerne den Firmennamen kombiniert mit der Mission meines Start-ups auf. Dann ist auch klar, wer da ist.

2. Problem: Welcher Trend führt zu einer großen Veränderung und dadurch zu einem Problem? Welches Problem deiner zukünftigen Kunden löst du und warum lohnt es sich, das Problem überhaupt zu lösen?

3. Werteversprechen: Was macht deine Problemlösung so einzigartig? Welchen Nutzen kreiert es bei deinen zukünftigen Kundinnen und Kunden?

4. Markt: Welchen Markt (demografisch, geografisch) sprichst du an und wie groß ist er überhaupt (Kapazität, Potenzial, Volumen, angestrebter Anteil)?

5. Geschäftsmodell: Wie funktioniert unser Geschäftsmodell, wie verdienen wir konkret Geld? Preismodelle sind hier immer gerne gesehen.

6. Konkurrenz: Was macht die Konkurrenz und wieso sind wir besser/anders positioniert? Keine oder zu schlechte Konkurrenz ist nicht glaubwürdig, sondern zeugt nur von bescheidener Recherche.

7. Wachstum: Wie beabsichtigen wir zu wachsen? Welche Mechanismen wollen wir anwenden respektive was haben wir im Problem Solution Fit bereits bewiesen?

8. Team: Wer ist das Start-up-Team mit der relevanten Erfahrung? Bitte nicht bei der Grundschule anfangen! Halte dich kurz! Advisors nur aufführen, wenn dadurch ein direkter Nutzen entsteht.

9. Finanzen: Wie sehen eure finanziellen Prognosen für die nächsten Jahre auf. Ich bin da auf der Seite der realistischen Prognosen, welche ich dann immer mit den Wachstumsplänen vergleiche.

10. Finanzierungsrunde: Wie viel Risikokapital wird in der aktuellen Runde aufgenommen und wofür wird das Risikokapital eingesetzt (zum Beispiel Aufbau Unternehmen und Produkt, Marketing, Sales, nur in prozentualen Anteilen)?

11. Roadmap: Wo steht ihr heute und wie ist euer Zeitplan im Start-up? Bitte nur die wichtigsten Meilensteine aufführen.

12. Company Mission und Vision: Warum sind wir da? Wo soll das Start-up in fünf bis zehn Jahren stehen? Wo sehen wir uns? Was ist unsere Ambition?

12. Call to action: Was ist der nächste Schritt gemeinsam mit der Investorin oder dem Investor

Das Schema kannst du auch für ausführlichere Präsentationen verwenden. Dann reicherst du einfach jedes Kapitel mit mehr Informationen an. Wichtig ist immer die Handlungsaufforderung am Schluss: Was ist der nächste, realistische Schritt mit den Investor(inn)en? Bei der ersten Kontaktaufnahme ist das ein persönlicher Termin, bei dem ich mein Start-up vorstellen und mich über die Details austauschen kann.

> **Nach der Handlungsaufforderung musst du als Start-up rasch reagieren und bei deinen interessierten Investorinnen und Investoren präsent bleiben. Nichts ist schlimmer, als wenn ich als Investor Interesse habe und dann mehrere Wochen nichts von dir höre. Ja, das habe ich tatsächlich schon mehrfach erlebt.**

ZUM ABSCHLUSS

Deine zukünftigen Investorinnen und Investoren werden sich natürlich eine gewisse Zeit nehmen, um eine Entscheidung zu treffen. Auch diese Zeit kannst du nutzen. Was sich in der Praxis bewährt hat, ist ein Feed of good News, also ein kontinuierliches Senden von guten Neuigkeiten an alle Interessierten. Damit erzeugst du einen Ich-verpass-was-Effekt, englisch »FOMO – Fear of missing out«. Bereite diese Good News soweit du kannst vor, damit du dir nichts aus den Fingern saugen musst. Beispiele dafür sind:

- Erhaltene Zusagen für die aktuelle Investitionsrunde;
- bisherige Beteiligte erhöhen ihr Engagement;
- der Lead Investor der Runde hat das Term Sheet bereits bestätigt und für Einhunderttausend unterschrieben;
- wir haben den geplanten Jahresumsatz bereits im September erreicht;
- wir sind erfolgreich in neue Märkte gestartet;
- unser Produkt ist nun in neuen Vertriebskanälen verfügbar, beispielsweise Retail;

- unsere Entwicklung hat einen Durchbruch in der Forschung erzielt;
- unser Produkt wurde mit einem renommierten Award ausgezeichnet;
- Welcome-to-the-team!-Neuigkeiten

Versetze dich nun mal in die Lage eines Investors. Klingen diese Neuigkeiten nicht zu gut, um das Investment wirklich auszulassen? Eben. Also baue dir, am besten unter Nutzung einer Marketing-Automation-Lösung, einen solchen Feed of good News auf, bevor du in die Verhandlungen mit den Investierenden startest.

Bevor eine Finanzierung als definitiv angesehen werden kann, musst du mit deinen zukünftigen Teilhabenden über die vertraglichen Aspekte einig werden. Um die Zeit bis zum eigentlichen Vertragsabschluss zu überbrücken, kommt das bereits erwähnte Term Sheet zum Einsatz. In den darauffolgenden Verträgen verhandelst du mit deinen Investierenden dann die konkreten Rahmenbedingungen und Formulierungen aus. Die Sprache in diesen Verträgen kann teilweise sehr komplex sein, und natürlich gibt es unzählige Variationen. Ich empfehle dir, die folgenden Punkte zu beachten:

- Bleib einfach und mach es dir nicht unnötig schwer, indem du beispielsweise pro Investor einen eigenen Vertrag aushandelst. Du musst sonst die einzelnen Konditionen sehr gut im Kopf behalten, wenn es um die weitere Finanzierung geht.
- Denk daran: Du möchtest in Zukunft ein gutes Verhältnis mit deinen Investor(inn)en haben, also agiere entsprechend in den Verhandlungen.
- Such dir Unterstützung bei einem erfahrenen Anwalt für die Ausarbeitung der Verträge.

Bei meinen Investitionen habe ich bisher die folgenden zwei Vertragsarten zur Regelung des Investments angetroffen:

Investment Agreement	Shareholder Agreement
Beteiligungsvertrag	Aktionärsbindungsvertrag
Regelt die wichtigsten Punkte zwischen Start-up und Investor(inn)en. Verpflichtung der Investor(inn)en zum Kauf einer definierten Anzahl von Aktien zu einem bestimmten Ausgabepreis. Verpflichtung der Founders zur Durchführung aller notwendigen Schritte für die Investition.	Regelt die grundsätzlichen Verhaltensregeln zwischen den Founders und den Investierenden Zusammensetzung des Verwaltungsrates, Kontroll- und Informationsrechte der Investierenden Festlegung der Dividendenstrategie Parameter zur Liquidation Parameter für Verkaufserlös und Exit Rechte an Aktien wie beispielsweise: – Vorhandrechte – Vorkaufsrechte – Mitverkaufspflicht (Drag-Along) – Mitverkaufsrecht (Tag-Along) – Good-Leaver-Regeln – Bad-Leaver-Regeln

Obwohl die Überweisung des Geldes auf dein Konto in diesem Stadium nur eine Formalität sein sollte, hat sie natürlich eine großartige symbolische Bedeutung: Deine Finanzierung war erfolgreich!

Nun gibt es noch ein paar technische Kniffe, die du kennen solltest. In der Schweiz – und wohl auch in verschiedenen anderen Ländern – muss die Auszahlung über ein sogenanntes Kapitaleinzahlungskonto gemacht werden. Du erhältst erst Zugriff auf das Geld, wenn die Finanzierungsrunde im Handelsregister eingetragen wurde. Die Eröffnung eines solche Kontos kann leider einige Zeit in Anspruch nehmen. Wenn du dringend auf das Geld angewiesen bist, dann vereinbare mit deinen Investierenden statt einer direkten Kapitalerhöhung ein Wandeldarlehen. Ein Wandeldarlehen ist – wie der Name schon sagt – ein Darlehen an das Start-up. Es gibt aber einen Passus im Vertrag, dass das Darlehen zu einem späteren Zeitpunkt in Eigenkapital umgewandelt werden kann. Die Konditionen wie Bewertung und Zeitpunkt der Wandlung sind dabei Teil des Vertrages. Der Vorteil für das Start-up ist, dass sofort Liquidität zur Verfügung steht. Für die Investierenden besteht jedoch ein gewichtiger Nachteil: Sie haben keine Aktien, bis das Darlehen gewandelt wurde. Und dadurch natürlich auch keine Stimmrechte bei wichtigen Entscheidungen. Trotz dieses gewichtigen Nachteils sind Wandeldarlehen eine oft gesehene Variante des Vertragsabschlusses anstelle einer direkten Kapitalerhöhung.

> **Die Bestätigung deiner Idee ist sehr befriedigend. Feiere den Abschluss deiner Finanzierungsrunde so richtig! Die Beschaffung von frischem Kapital wird bald wieder stressig genug sein.**

Checkliste

- [ ] Champagner kaufen und kühl stellen

PRODUCT MARKET FIT

In a Nutshell

Im Product Market Fit dreht sich alles darum, die Grundlagen für ein skalierbares Start-up zu entwickeln. Das umfasst das Produkt an sich, aber auch die Bereiche (nachhaltiges) Wachstum, Kundenerfolg und Kundenbindung. Nur wenn diese vier Bereiche genügend weit entwickelt wurden, kann dein Start-up mit entsprechender Finanzierung aus einer Series A skaliert werden.

Den Aufbau des Product Market Fit kannst du dir ebenfalls wieder als Kreislauf vorstellen:

- Finde heraus, welchen Nutzen deine Kundinnen und Kunden aus deinem Produkt ziehen. Fokussiere dich voll darauf, diesen Nutzen konstant zu erhöhen und dadurch deine Kundinnen und Kunden erfolgreicher machst.
- Entwickle eine wiederholbare und auch finanzierbare Wachstumsstrategie zur Gewinnung von neuer Kundschaft.

Abbildung 22:
Den Aufbau des Product Market Fit kannst du dir wieder als Kreislauf vorstellen.

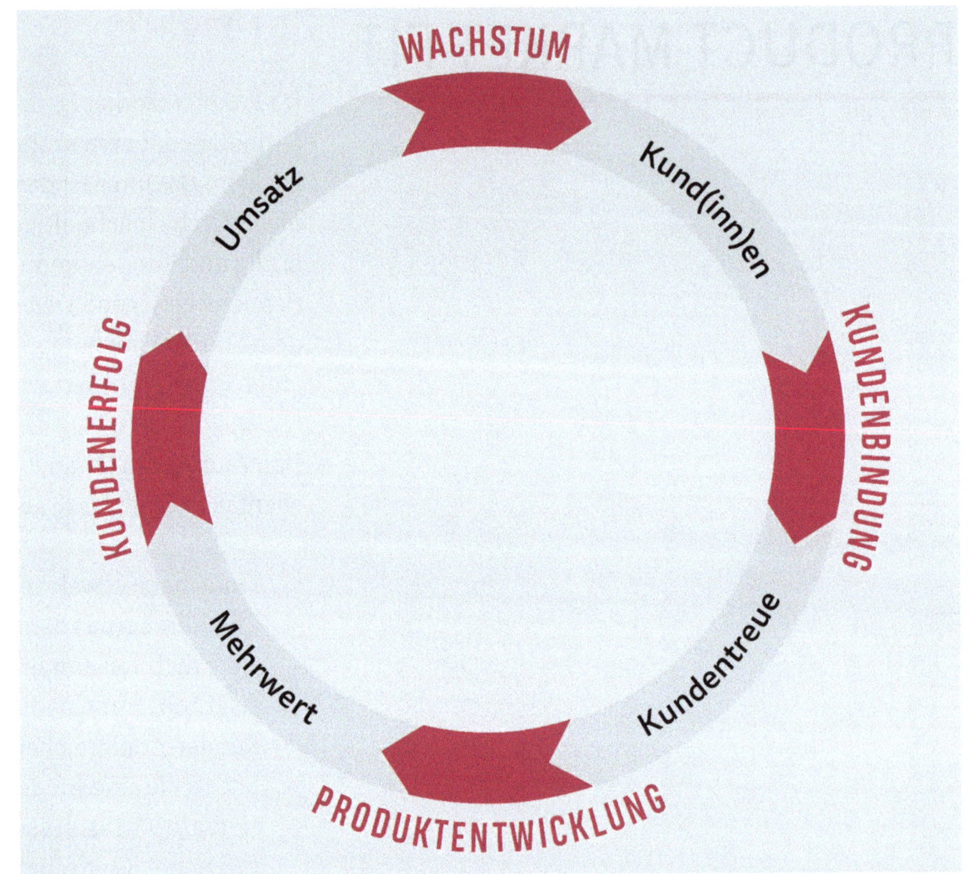

- Pflege deine Kundschaft und verlängere die Kundenbindung dank nachhaltiger Zufriedenheit.
- Von deinen Nutzenden kannst du zudem lernen, welche Funktionen in deinem Produkt wichtig sind, um den Kundennutzen zu verstärken. Fokussiere dich in der Entwicklung darauf.

Auch die Entwicklung vom Product Market Fit verläuft nicht linear, sondern iterativ, in Wiederholungen. Wenn du die vier Bereiche aber konsequent mit dem erwähnten Fokus entwickelst, hast du eine gute Chance, deinen Product Market Fit früher oder später zu finden.

Der Weg zur Skalierung

Nachdem sich beim Problem Solution Fit alles um die Entwicklung der innovativen Geschäftsidee zu einem überlebensfähigen Start-up gedreht hat, fokussiert der Product Market Fit auf das effiziente Kreieren von Wachstum. Wobei Wachstum allein nicht umfassend genug für den Product Market Fit ist. Denn das Wachstum muss aus meiner Sicht in ausreichendem Umfang stattfinden und nachhaltig sein.

In diesem Kapitel wirst du daher lernen, wie du ein für den Markt passendes Produkt inklusive der richtigen Vertriebskanäle entwickeln kannst, zu dem es auf dem Markt wirklich eine Nachfrage gibt – nicht nur in deinem Kopf. Außerdem wirst du lernen, wie du eine nachhaltige Kundenbasis am Markt aufbauen kannst, sodass Umsatzausfälle und existenzielle Ängste vermieden werden können.

Wie der Name der Phase schon ausdrückt, geht es darum, dein Produkt erfolgreich am Markt zu verankern. Kundenerfolg, Kundenbindung, Wachstum und Produkt müssen gemeinsam entwickelt werden, um eine Basis für ein nachhaltiges und vor allem auch skalierbares Unternehmen zu legen. Das Fundament für die weitere Zukunft deines Start-ups jenseits der ersten Jahre. Der Product Market Fit die entscheidende Phase im Aufbau eines Start-ups.

Der Unterschied zum Problem Solution Fit

Schon während des Problem Solution Fit hast du eine Lösung für ein real existierendes Kundenproblem entwickelt. Den Beweis, dass Kundschaft deine Lösung in einer frühen Phase kauft, hast du erbracht. Das bedeutet aber noch lange nicht, dass dein Produkt vom Markt in genügendem Umfang angenommen wird.

Es ist daher wichtig, sich vom Problem Solution Fit rasch in Richtung Product Market Fit zu entwickeln und die vorhandenen Lösungsansätze aus der betriebswirtschaftlich skalierenden Perspektive sinnvoll auszubauen. Das Founder-Team wird zu Unternehmern, die ein Team um sich scharen, das sich um Kundenerfolg, Produktentwicklung, Wachstum und nachhaltige Kundenbeziehungen kümmert.

Im Start-up-Venture-Kompetenz-Modell ist der Product Market Fit bereits verankert.

Die genannten vier Bereiche legen im Product Market Fit den gemeinsamen Grundstein für die zukünftige Skalierung und sichern damit den langfristigen Erfolg deines Start-ups. Genau aus diesem Grund ist es wichtig, dass die Entwicklung dieser vier Bereiche gleichzeitig und nicht nacheinander geschieht, sodass eine möglichst hohe Effizienz erzielt werden kann.

Kommen wir aber nun zu den einzelnen Bereichen und weshalb diese im Zusammenspiel miteinander so wichtig für den langfristigen Erfolg des Product Market Fit sind:

Abbildung 23:
Im Start-up-Venture-Kompetenz-Modell ist der Product Market Fit bereits verankert.

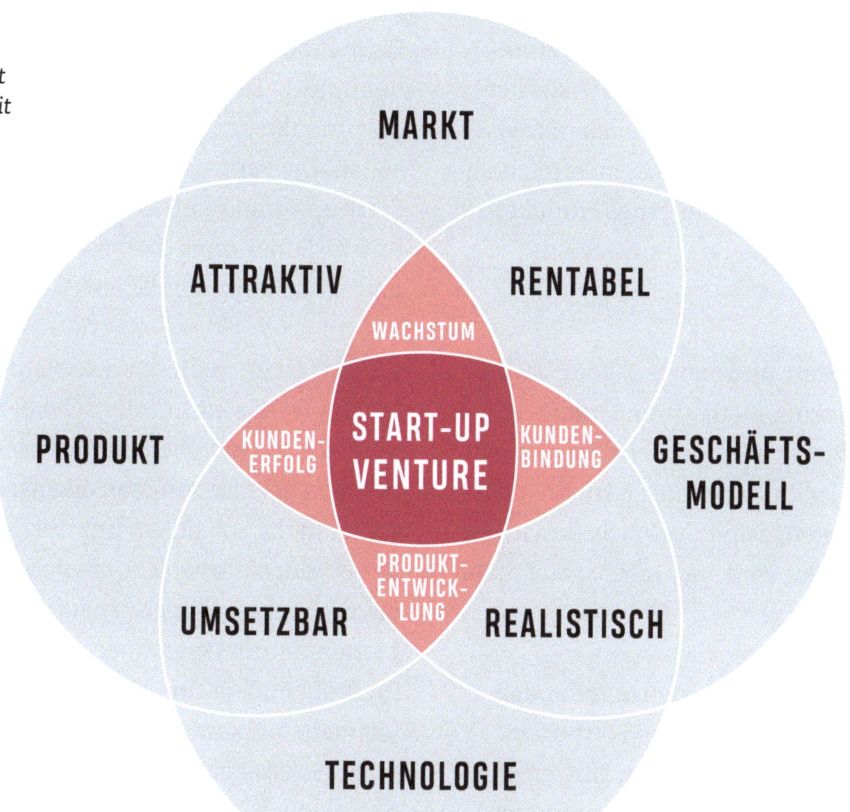

Kundenerfolg

Der Kundenerfolg ist die zentrale Disziplin zum Erreichen des Product Market Fit. Dein Fokus liegt hier darin, konstant einen hohen Nutzen für deine Kundschaft zu erzeugen. Dies kannst du erreichen, indem du versuchst, dein bereits gutes Produkt in ein großartiges Produkt weiterzuentwickeln.

Wachstum

Das Wachstum im Start-up-Venture-Modell basiert auf der Growth-Hacking-Methode und bringt deinem Unternehmen effizient neue Kundschaft zu deinem Produkt. Growth-Hacking verbindet dazu Kreativität, Technologie und Daten, damit das Wachstum messbar und reproduzierbar wird. Dazu aber später mehr.

Kundenbindung

Hier geht es darum, die Kundinnen und Kunden nachhaltig an das Produkt und dein Start-up zu binden. Dies wird erreicht, indem der Nutzen und die Freude verstärkt und mögliche Frustrationen reduziert werden.

Produktentwicklung

Beim Produkt liegt der Fokus immer auf dem Kundennutzen. Dieser soll maximiert werden, während die produktspezifischen Kosten minimiert werden sollen. Die Person, welche für das Produkt im Start-up verantwortlich ist, muss dabei entscheiden, welche Funktionen das beste Preis-Leistungs-Verhältnis aufweisen und lässt diese entwickeln.

Wichtig ist es, in diesem Kreislauf des Product Market Fit das Zusammenspiel der einzelnen Bereiche zu verstehen und für das eigene Unternehmen gewinnbringend einzusetzen. Dazu aber später mehr, sobald wir uns mit der Messbarkeit des Product Market Fit tiefergehend beschäftigen. Zuvor möchte ich dich erneut auf die Methodik des Lernens aufmerksam machen. Anders als noch im Problem Solution Fit basiert das Lernen nun vielmehr auf konkreten Experimenten in jedem Bereich. So entsteht eine kontinuierliche Arbeit, ohne dass du dich dabei im Dschungel der Möglichkeiten und Chancen verlierst. Behalte deinen Fokus und arbeite auf Basis von empirischen Daten anstatt von Meinungen.

Ich kann an dieser Stelle nur nochmals betonen, dass es nichts bringt, sich ausschließlich auf einen Bereich zu fokussieren und diesen verstärkt auszubauen, die anderen aber links liegenzulassen. Es sollten alle Bereiche gleich stark ausgebaut werden. Widme jedem einzelnen dieselbe Aufmerksamkeit und dasselbe Engagement.

Sicher hast du dich bereits gefragt, wie diese Experimente in der Realität aussehen. Das erfährst du nun im folgenden Kapitel.

> **Die Schwierigkeit im Product Market Fit ist, dass du alles gleichzeitig machen musst. Mein Lösungsvorschlag dazu ist: Verankere klare Verantwortungen pro Bereich im Team und setze klare, messbare Ziele pro Bereich.**

Mit Experimenten zum Erfolg

Wie beim Problem Solution Fit gilt beim Product Market Fit genauso: Es handelt sich für dich und dein Team um einen fortlaufenden Prozess und vor allem um ein konstantes Lernen und Entdecken. Und genau aus diesem Grund musst du bewusst Experimente kreieren. Jedes Experiment sollte sich idealerweise auf einen Bereich deines Start-ups fokussieren (also entweder auf Produkt, Kundenerfolg, Wachstum oder Kundenbindung), sodass es nicht unnötig kompliziert wird. Natürlich ist es auch möglich, mehrere Experimente gleichzeitig laufen zu lassen, um ein schnelleres Wachstum und schnelleren Fortschritt im Unternehmen zu erzielen. Jedoch musst du ein Augenmerk auf die Messbarkeit und Nachvollziehbarkeit richten, um auch wirklich belastbare Aussagen aus deinen Experimenten ziehen zu können.

Je nachdem, für welchen Bereich des Start-ups du dich dabei entscheidest, solltest du die passende

Formel beziehungsweise die passenden Key Performance Indicators (KPI) heranziehen. Werte die Resultate deines Experiments ehrlich und genau aus und überführe die Messwerte im Anschluss in eine definierte Form, um einen Vergleich über die Zeit durchführen zu können. Damit lässt sich verlässlich bestimmen, ob die geplanten Veränderungen, die im Experiment untersucht wurden, gewinnbringend für dein Start-up sind und ob sie umgesetzt werden sollten.

Folgende Grundsätze haben sich für mich beim Experimentieren immer wieder bewährt:

- Ich halte ein Experiment immer so kurz wie nur möglich und achte dabei trotzdem darauf, dass die gesammelten Werte für eine verlässliche Auswertung genügen.
- Ich halte das Experiment immer so einfach wie möglich.
- Ich halte das Experiment möglichst Low-Tech bis No-Code.
- Ich versuche, die Effizienz des Experiments so hoch wie nur möglich zu gestalten.
- Ich gestalte das Experiment so kostengünstig wie nur möglich.

Die Dokumentation deiner Experimente muss nicht kompliziert sein. Es reicht völlig aus, wenn du sie auf einer A4-Seite zusammenfasst.

Mit diesen Grundsätzen bin ich in der Vergangenheit zu guten Ergebnissen gekommen, jedoch war häufig der Faktor Zeit das Problem. Selbst wenn ein Experiment möglichst kurz ausgelegt war, gingen schnell einmal zwei bis vier Wochen ins Land, ehe die Ergebnisse vorlagen. Der Markt unterliegt da leider einer natürlichen Trägheit.

Aber ein Experiment lebt vom Mut zur Lücke. Mach dir daher nicht allzu viele Gedanken, warum dies oder jenes noch nicht in ähnlicher Form von deiner Konkurrenz umgesetzt wurde. Sieh vielmehr in jedem Experiment die Chance, dich von deiner

EXPERIMENT

BEREICH Wachstum

ZIEL Mehr kunden

KPI CAC

ANNAHMEN CAC unter CHF 10 möglich

ZEITPLAN 4 Wochen ab Start 1. Januar

BUDGET CJF 2500 Media

ZIELERREICHUNG +125 neue Kunden

KPI-RESULTATE CAC von CHF 20

ERKENNTNISSE

Trotz tiefen CDC auf Instagram stories sind die CAC aktuell doppelt so hoch wie angenommen !

MASSNAHMEN

Instragram Story Kampagne mit Retargeting auf dem Facebook Ads Netzwerk

Abbildung 24: *Ein Experiment kann einfach auf einer A4-Seite beschrieben und ausgewertet werden.*

Konkurrenz abzuheben und deinem Produkt etwas Einzigartiges zu verleihen. Wichtig ist, dass du ein Experiment nicht als einen Teil deines Produkts betrachten solltest, sondern als eine Vorabklärung, ob sich die Umsetzung deiner Idee lohnen könnte.

Ich habe dich in meinen Stichpunkten darauf hingewiesen, dass das Experiment möglichst Low- beziehungsweise am besten sogar No-Code sein sollte. Warum? Weil es leider viel zu viel Zeit frisst, immer wieder neu zu entwickeln. Ich greife lieber auf bestehende Lösungen wie WordPress, Wix oder Mailchimp zurück und profitiere von zahlreichen Plug-ins und Möglichkeiten, die bereits fertiggestellt sind und im Internet kostengünstig gekauft und genutzt werden können. Die anschließende Auswertung und die weitere Bearbeitung kann dabei über Marketing-Automation-Tools wie beispielsweise Mautic, Hubspot oder mit Bordmitteln von Mailchimp erfolgen. Auch Concierge-Ansätze sind sehr gute und gern verwendete Methoden für das Experimentieren.

Messen des Product Market Fit

Ich bin überzeugt, dass der Product Market Fit ganz wunderbar gemessen und entsprechend gesteuert werden kann. Um dir die Zusammenhänge zu verdeutlichen, möchte ich dir die Abhängigkeiten zwischen den verschiedenen Bereichen näherbringen. Wie du in Abbildung 25 siehst, bilden die verschiedenen Bereiche eine Art Regelsystem untereinander. Ganz nach der Idee des Product-Led Growth, die von Wes Bush formuliert wurde, steht für mich das Produkt im Zentrum. Das Produkt kreiert für deine Kundinnen und Kunden kontinuierlichen Mehrwert, wofür sie gerne zahlen. Mit diesen finanziellen Mitteln und den Erfahrungen aus dem Austausch mit der bestehenden Kundschaft, kann ein Wachstum an neuen Kundinnen und Kunden erzeugt werden. Das führt wiederum zu noch mehr finanziellen Möglichkeiten, die in das Produkt und die Erhöhung des Kundennutzen investiert werden können. Damit erhöht sich der Wert und die Treue der Kundenbeziehung.

Ich könnte auch noch die anderen Verflechtungen beschreiben, aber ich denke, dass die Grafik durch ihre Einfachheit selbsterklärend und nachvollziehbar ist. Häng dir bei der Erarbeitung deines eigenen Product Market Fit ein Poster dieses Regelsystems – am besten groß ausgedruckt – an die Wand, damit du dich bei allem, was du tust, selbst reflektieren kannst.

Was haben nun aber diese vier Punkte miteinander gemeinsam? Richtig – sie alle sind darauf ausgelegt, dass deine Kundinnen und Kunden glücklich und zufrieden sind. Und genau nach dieser Devise solltest du möglichst viele Facetten deines Produkts entwickeln.

Du wirst jedoch sehen, dass das gar nicht so einfach ist. Besonders beim Start musst du das Schwungrad mit sehr viel Engagement und Energie in Bewegung bringen. Gerade, weil du erst einmal herausfinden musst, was überhaupt dafür sorgt, dass Kundenerfolg, Kundenbindung und Wachstum mit deinem Produkt entstehen. Ist dies aber erst einmal geschafft und das Rad ist so richtig am Rollen, wird alles einfacher. »Aller Anfang ist schwer« ist hier mehr als nur eine alte Redewendung, sie gibt die Realität jeden Tag aufs Neue wieder.

Konkrete KPI zur Messung

Sicherlich hast du dich bereits gefragt, wie genau du in der Praxis diese einzelnen KPI messen kannst. Im Dschungel aller vorhandenen KPI rund um ein Start-up herum, ist es schwierig, die Richtigen zu wählen. Deshalb habe ich dir ein Set von KPI schon mal zusammengestellt. Es erlaubt dir, eine belastbare Aussage darüber zu treffen, ob dein Start-up auf einem guten Weg ist oder ob du deine Richtung noch korrigieren musst. Selbstverständlich kannst du dieses Set beispielsweise um branchenspezifische Kennzahlen erweitern. Zudem ist der Trend der KPI wichtiger als der absolute Wert. Deshalb habe ich den gewünschten Trend auch gleich mit in die Übersicht eingebaut.

Abbildung 25: Beim Product Market Fit stehen alle Bereiche in einer Wechselwirkung zueinander. Nur gemeinsam stellt sich der gewünschte Erfolg ein.

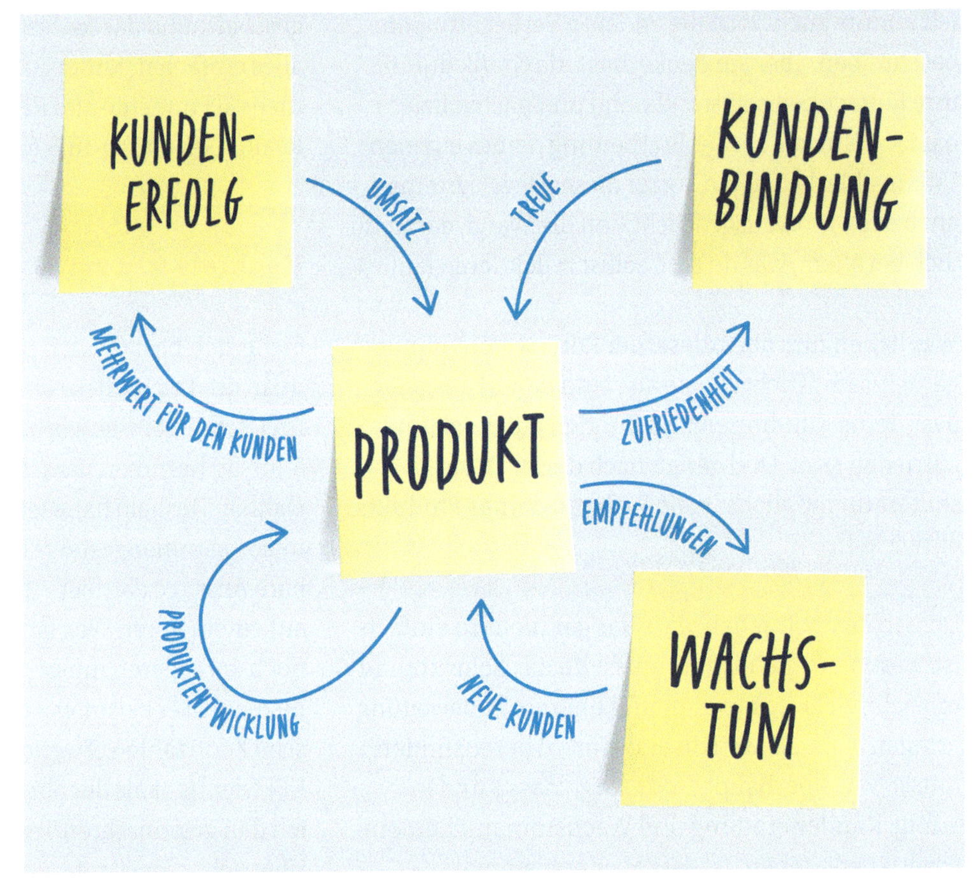

Wachstum

Cost per Click: Cost per Click, auch CPC genannt, spielt insbesondere in deinem Kostenmanagement eine große Rolle. Hier entscheidet sich, wie effizient du Aufmerksamkeit schaffst. Konkret bedeutet dies in der Realität häufig: Wie effizient sind meine Werbeanzeigen? Wie viel Geld habe ich für einen Klick auf meine Seite ausgegeben?

Finde im Laufe der Zeit mittels A/B-Testing von unterschiedlichen Werbeanzeigen heraus, welche Werbekampagnen den niedrigsten CPC bringen. So kannst du deine Werbekosten optimieren beziehungsweise du erreichst mehr Klicks auf deine Website zum selben Preis. Die Kosten sollten tendenziell über die Zeit immer geringer werden.

Cost per Lead: Logisch aufbauend auf den CPC gibt es den Cost per Lead, kurz CPL. Nachdem eine Besucherin über den CPC den Weg auf deine Website gefunden hat, muss aus dieser anonymen Besucherin ein Lead entwickelt werden. Ein Lead ist jemand, der nachweislich Interesse an deinem Produkt hat und wieder angesprochen werden kann. Somit ist der CPL immer höher beziehungsweise mindestens gleich hoch wie der CPC (das Letztere wäre natürlich sehr erfreulich, aber höchst unwahrscheinlich). Der Einfachheit halber berechnest du den CPL innerhalb der betrachteten Zeitperiode so:

Ad Spending / Neue Leads pro Zeitperiode = CPL

Auch hier ist es daher nur logisch, dass über die Zeit der Cost per Lead immer geringer werden sollte. Dies kann man ebenfalls mit dem A/B-Testing von unterschiedlichen Websites oder Landingpages erzielen.

Customer Acquisition Cost: Bei der Customer Acquisition Cost, kurz CAC, werden alle Kosten betrachtet, die für die Akquise von Neukund(inn)en angefallen sind – in Abhängigkeit zur absoluten

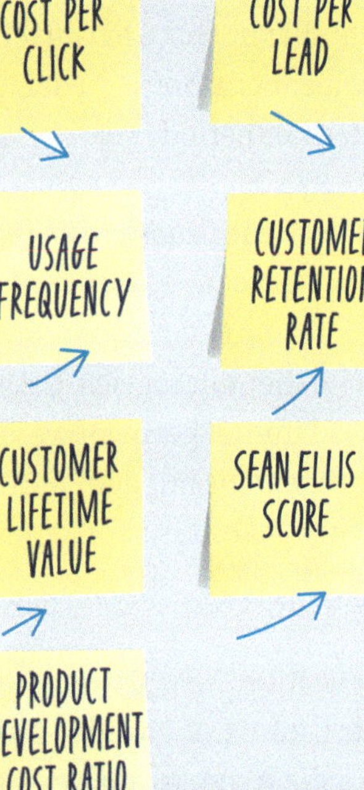

Abbildung 26: *Dieses KPI-Set erlaubt dir, eine belastbare Aussage darüber zu treffen, ob dein Start-up auf einem guten Weg ist.*

Zahl der neuen Kundschaft. Zu den Kosten zähle ich alle Kosten, die für das Wachstum verantwortlich sind. Also Kosten für Werbung sowie Lohnkosten der Teammitglieder, die hauptsächlich für das Wachstum sorgen sollen. Das wären beispielsweise Vertriebs- oder Marketingmitarbeitende. Konkret berechnest du die CAC innerhalb der betrachteten Zeitperiode folgendermaßen:

Alle Kosten zur Akquisition / Anzahl Neukund(inn)en pro Zeitperiode = CAC

Auch beim CAC sollten die Kosten möglichst immer weiter gesenkt werden, um so kostengünstiger Neukund(inn)en zu generieren.

Kundenbindung

Viraler Koeffizient: Der virale Koeffizient wird so berechnet:

(Anzahl der Kund(inn)en × durchschnittliche Anzahl der Empfehlungen × Konversionsrate der Empfehlungen) / Anzahl der Kund(inn)en

Du siehst also hier schon, dass es nicht nur um das Engagement der Kundinnen und Kunden geht, sondern um die wahrscheinlich effizienteste Form des Wachstums. Wenn du es schaffst, Empfehlungen strukturiert so zu fördern, dass eine Viralität – also eine effektive Mundpropaganda – entsteht, dann hat sich dein Wachstumsproblem erledigt. Um ehrlich zu sein: Das ist echt schwer und bedingt, dass du ein großartiges Produkt hast.

Usage Frequency: Bei der Usage Frequency stellen wir uns die Frage »Wie oft hat eine Kundin oder ein Kunde mit dem Produkt in den letzten x Tagen interagiert?« Aufgepasst: Manchmal gibt es hier auch Produkte, die Wert schaffen ohne direkte Interaktion (zum Beispiel Automation und AI). Hier ist es also wichtig, dass auch diese Werte gezählt werden. Den Kundinnen und Kunden sollte daher der Mehrwert als Teil des Engagements immer wieder kommuniziert werden. Beispielsweise über einen Newsletter oder Social Media. Auch eine solche, produktnahe Interaktion kann als positive Interaktion zugunsten des Engagements gewertet werden.

Besonders sinnvoll ist es hier, eine Relation zweier Größen festzulegen. So sollte immer das Verhalten in Abhängigkeit zur Periode (also der Zeitspanne, die wir betrachten) festgelegt werden.

Beispiele hierzu könnten sein: »Hat innerhalb der letzten vierzehn Tage zwei E-Mails gelesen« oder auch »Hat mindestens eine Bestellung innerhalb der letzten dreißig Tage durchgeführt«. Natürlich kannst du diese Aktionen durch beliebige andere mit erforschten Werten ersetzen. Langfristig sollte dieser Wert steigen, da so die Interaktion der Nutzenden steigt und damit auch der intensive Wunsch, dein Produkt zu besitzen. Sollte ein Kunde keine Verwendung in der definierten Zeitperiode aufweisen, so kannst du ihn mit hoher Wahrscheinlichkeit zum Churn, also zur nicht mehr an deinem Produkt interessierten Kundschaft, zählen.

Customer Retention Rate: Bei dieser KPI geht es darum zu berechnen, wie treu deine Kundschaft sich gegenüber deinem Produkt oder deinem Start-up verhalten. Du berechnest sie folgendermaßen:

> *(Anzahl von aktiven Kund(inn)en am Ende einer Periode – Neukund(inn)en während der Periode) / Anzahl der aktiven Kund(inn)en bei Beginn der Periode * 100*

Wenn du den Wert der KPI interpretierst, so bedeuten hundert Prozent, dass du innerhalb der zu betrachtenden Periode keine Kundschaft verloren hast. Leider ist das aber eher unrealistisch. Um also das Ergebnis kausal einordnen zu können, ist es daher von großem Vorteil, auch die ungefähren Ergebnisse deiner Konkurrenz zu kennen. Gerade weil diese KPI stark branchenabhängig ist, wäre es daher falsch, wenn ich dir hier einen bestimmten Prozentsatz nennen würde. Er wäre vielleicht für einige Branchen stimmig, aber sicher nicht für alle. Hier musst du also selbst aktiv sein, über den Tellerrand hinausschauen und an die Werte deiner Konkurrenz herankommen. Oft sind die Founders, vor allem wenn sie so smart sind wie du, aber auch an deinem Wert interessiert, und so sind klärende Gespräche selbst unter Konkurrenz gar nicht mal so unwahrscheinlich, wie man vielleicht denken würde.

Das sind Gedankenspiele, die erst zu einem späteren Zeitpunkt in deinem Business interessanter werden. Für den Anfang genügt es, die bekannte Formel anzuwenden und am Ende eines Monats beziehungsweise am Anfang des Folgemonats die Fluktuation – beispielsweise ausgelöst durch die Kündigung des Abos oder die Deinstallation der App – durch die existierende Kundschaft zu teilen. Deshalb sollte die Churn Rate im Laufe der Entwicklung deines Start-ups immer weiter fallen.

Kundenerfolg

Customer Lifetime Value: Beim Customer Lifetime Value, kurz CLV, dreht sich alles um den Kundenwert. Damit ist nicht gemeint, wie sehr dir deine Kundschaft am Herzen liegt, sondern was dir eine Kundin oder ein Kunde monetär über die Dauer der Kundenbeziehung bringt und welchen Stellenwert sie oder er somit finanziell in deinem Start-up einnimmt.

Um den CLV zu bestimmen, rechnest du folgendermaßen:

> *Durchschnittlicher Umsatz pro Kundin oder Kunde und Jahr × Retention der betrachteten Periode x durchschnittliche Marge der Kundin oder des Kunden*

Je nach Geschäftsmodell kann der CLV genauer oder anders berechnet werden. Mit der genannten Formel ist allerdings eine erste gute und verlässliche Annäherung an den CLV gut möglich. Der CLV sollte bestenfalls immer weiter steigen, sodass du immer höhere Umsätze und letztendlich auch Gewinne mit deiner Kundschaft generierst.

Sean Ellis Score: Bisher habe ich oft den Net Promoter Score empfohlen, um die Zufriedenheit und damit den Erfolg der Nutzenden zu messen. Während des Aufbaus meines letzten Start-ups hat mich jedoch mein Kollege Michael Sauter auf den Sean Ellis Score hingewiesen und ich war begeistert von der Aussagekraft der Methode. Sean Ellis ist der Autor von »Hacking Growth«, einer Methode, die er entwickelt hat, um Teams zu helfen, bessere Entscheidungen über die Skalierung ihrer Arbeit von einem Produkt zu einem wachsenden Unternehmen zu treffen.

Die wichtigste Frage im Produkt-Markt-Fit-Test von Sean Ellis lautet: »Wie würden Sie sich fühlen, wenn Sie das Produkt nicht mehr verwenden könnten?«

Auf diese Frage gibt es drei mögliche Antworten:

- sehr enttäuscht,
- ein wenig enttäuscht,
- nicht enttäuscht.

Wichtig ist zudem die Einschränkung der Teilnehmenden in der Umfrage auf die folgenden Bedingungen:

- Personen, die das Produkt oder die Dienstleistung effektiv genutzt haben.
- Personen, die das Produkt oder die Dienstleistung mindestens zweimal genutzt haben.
- Personen, die das Produkt oder die Dienstleistung in den letzten zwei Wochen genutzt haben.

Die Auswertung ist dann auch sehr einfach: wenn vierzig Prozent der Teilnehmenden »sehr enttäuscht« wären, dann hast du ein Produkt, das sehr gut zu den Bedürfnissen deiner Kundschaft passt.

Produktentwicklung

Product Development Cost Ratio: Auch bei der Kategorie des Produkts gibt es im KPI-Set eine Formel, auf die es hauptsächlich ankommt. Stelle dir besonders in der Entwicklung beziehungsweise der fortlaufenden Weiterentwicklung immer wieder folgende Frage:

> *Was kostet das Feature, das ich im Produkt implementieren möchte, und wie steht dies im Verhältnis zum Nutzen für meine Nutzenden?*

Einfach gesagt, stellst du den abgeschätzten Nutzen in ein Verhältnis zu den Entwicklungskosten. Wenn du da alles richtig machst, sollte der Wert der Product Development Cost Ratio, kurz PDCR, nach und nach immer tiefer werden. Dies erreichst du durch eine immer passendere Definition der Funktionen und durch eine kontinuierliche Verbesserung der Effizienz von deinem Entwicklungsteam.

> **Den Trend deiner KPI kannst du am Anfang einfach per Excel-Tabelle messen. Such dir die notwendigen Daten einmal pro Woche in den entsprechenden Tools zusammen. Das reicht und ist einfacher, als viel Entwicklung in ein Dashboard Tool zu stecken.**

Checkliste

- ☐ Welche KPI möchtest du zu Beginn messen?
- ☐ Cost per Click
- ☐ Cost per Lead
- ☐ Customer Acquisition Cost
- ☐ Viraler Koeffizient
- ☐ Usage Frequency
- ☐ Customer Retention Rate
- ☐ Churn Rate
- ☐ Customer Lifetime Value
- ☐ Sean Ellis Score
- ☐ Product Development Cost Ratio

WACHSTUM

Für dich als Founder ist es wichtig, zu verstehen, dass das Wachstum vor dem Product Market Fit eines Start-ups stark einem Business Development gleicht. Beim Product Market Fit geht es konkret nur darum, dein Produkt so zu gestalten, dass es vom Markt in einer hohen Anzahl (Quantität) und zu einem möglichst optimalen Preis durch bestimmte USPs (Qualität) angenommen wird.

Wenn ich von Wachstum spreche, dann unterscheide ich immer zuerst zwischen Branding, Marketing und Verkauf. Besonders im Corporate-Spin-Off-Umfeld wird sehr viel Wert auf eine gute Marke gelegt. Das ist sicher auch nicht verkehrt, allerdings geht die Erschaffung einer Marke immer mit einem deutlich erhöhten Kapitalaufwand gegenüber dem Wachstum einher. Sofern also das Budget hierzu vorhanden ist und die Marke direkt in den Kern des Marktes eingegliedert werden soll, ist es sinnvoll, sich zeitgleich für verschiedene Branding-Strategien zu entscheiden und diese umzusetzen.

Viel häufiger ist es bei Start-ups allerdings der Fall, dass das Budget fehlt – was definitiv kein Beinbruch ist! Hier sollte dann der Fokus des Founders vor allem auf Resultate gelegt werden. Das bedeutet konkret, dass ein Verhältnis von achtzig zu zwanzig angestrebt werden sollte. Achtzig Prozent des Budgets sollten für das Wachstum verwendet werden (direkt messbare Wirkung am Wachstum des Start-ups) und zwanzig Prozent für das Branding selbst (keine direkt messbare Wachstumswirkung).

Zur Orientierung, wie ich das Marketing, insbesondere im Bereich des Growth Hacking, in der Organisation verankere, habe ich die folgenden Eckpfeiler definiert:

Ergebnisorientiert: Fokussiere dich beim Marketing immer darauf, dass ein Ziel im Vordergrund steht. Dieses Ziel sollte immer eng mit einem klaren Nutzen für Umsatzwachstum oder für das Wachstum deiner Marke verbunden sein. Marketing sollte nie dem Selbstzweck dienen!

Nachvollziehbar: Plane die einzelnen Maßnahmen deines Marketings so, dass du die Marketingstrategie in der Nachbereitung nachvollziehen sowie messen kannst. So kannst du die Strategien miteinander vergleichen und immer bessere Methoden für dich herausfinden.

Empirisch: Du kannst für dich verschiedene Ansätze und Vermutungen haben, was zu Umsatzwachstum führen könnte. Beim Marketing selbst und den damit verknüpften Strategien solltest du aber ausschließlich auf die empirische Forschung – sprich: Zahlen, Daten und Fakten – setzen. Neue Ideen werden am Markt nach diesen Maßgaben getestet und bei Erfolg weiter skaliert.

Technologiebasiert: Nutze die Technologie, um dein Marketing erst effektiv zu machen. Daten und Technologien sollten daher in deiner Marketingstrategie zentrale Elemente darstellen.

Effizient: Dein Marketing muss mit den vorhandenen Ressourcen (finanziell, güterbasiert etc.) auskommen und dabei den höchstmöglichen Nutzen für dich und dein Unternehmen erzielen. Besonders am Anfang ist es wichtig, dass du alle Marketingmaßnahmen effizient aufeinander abstimmst, um nicht unnötige Marketingbudgets zu verbrauchen.

Kollaborativ: Um die erdachten Strategien schneller an den Markt zu bringen und für dein Produkt anzuwenden, empfiehlt es sich, im Team zu arbeiten. So können Pufferzeiten verkürzt werden und Arbeitsschritte nebeneinander erfolgen. Wenn die Planung stimmt, können Marketingmaßnahmen somit bereits innerhalb von Stunden anstatt von mehreren Tagen umgesetzt werden.

Kundenzentriert: Stelle die Kundinnen und Kunden in das Zentrum der Entwicklung und bemühe dich mit allen Mitteln darum, dass ihnen dein Produkt langfristig einen Nutzen bringt. Stelle diesen Nutzen heraus und sei dabei authentisch und kundennah.

Mein Credo dabei: Auch Marketing erzeugt Mehrwert bei den Kundinnen und Kunden und geht empathisch auf ihre Bedürfnisse ein.

Test & Learn

Nun weißt du, auf welche zentralen Eigenschaften du bei der Findung unterschiedlicher Strategieansätze achten solltest. Jetzt geht es an die Erarbeitung. Ich empfehle dir, in zwei Phasen zu denken: zuerst die Test-&-Learn-Phase und danach die Automatisierung der Maßnahmen.

In der Test-&-Learn-Phase kannst du deine Botschaften und Zielgruppen in rascher Abfolge und mit wenig Budget am Markt testen. Dies kann über Facebook-Marketing wie beispielsweise Paid Ads, Google Ads oder auch über Direct Sales, also direkte Verkaufsgespräche, herausgefunden werden. Die einzelnen Ergebnisse müssen einander regelmäßig gegenübergestellt und ausgewertet werden. Im

B2B-Bereich beruht mein Test-&-Learn-Ansatz auf Outbound-Marketing. Sprich: aktiv auf mögliche Kundschaft zugehen, und erst wenn der Pitch sattelfest ist, mit den weiteren Marketing-Maßnahmen im Growth-Hacking-Format beginnen und sie zielführend einsetzen. Sei dir aber bewusst, dass ab bestimmten Auftragsgrößen dein manueller Verkaufsaufwand immer hoch bleiben wird. Es existiert teilweise im B2B Umfeld kein genügend großer Markt, um überhaupt via Growth-Hacking-Methoden am Markt effizient zu skalieren.

Im B2C-Bereich hingegen kannst du direkt ins Growth Hacking starten und schneller agieren. Auf die Unterschiedlichkeiten von B2B und B2C gehe ich später noch genauer ein.

Sobald du die Test-&-Learn-Phase erfolgreich abgeschlossen und für dich festgemacht hast, was funktioniert und was nicht, geht es an die Skalierung. An das Scale and optimize sozusagen. Es ist ganz simpel: Stärke das, was deine Kundinnen und Kunden im Zuge des Marketings als gut empfunden haben, und lasse die schlechten Aspekte einfach weg. So schnell und einfach kann es gehen. Das Ziel deines Start-ups in der Phase des Wachstums sollte sein, den CAC deutlich unter den CLV zu bringen. Dies kannst du mit deinem Team entweder durch die Optimierung des Marketings sowie des Vertriebs oder aber durch die Erhöhung des CLV (zum Beispiel durch Reduktion der Churn Rate) erzielen.

> **Für die Test-&-Learn-Phase versuche ich, mir mindestens drei Monate Zeit zu geben. Der Markt hat auch digital eine Trägheit, die nicht beschleunigt werden kann. Akzeptiere diesen Umstand und lebe mit und nicht gegen den Rhythmus des Markts.**

Fokus auf den Early Market

Konzentrier dich als Start-up im Product Market Fit immer zuerst auf den sogenannten Early Market. Der Early Market umfasst all diejenigen Kundinnen und Kunden, die innovativ im Sinne von technologischen Fortschritten sein möchten. Diese sind grundsätzlich interessiert an Innovationen in ihrem Marktgebiet und entsprechend offen für neue Lösungen. Das Start-up als solches steht schon allein per Definition für Innovation und deshalb sollte es dir leicht fallen, diese Kundschaft anzuziehen. Den Mainstream Market lassen wir zu Beginn einfach links liegen. Er kommt erst in der nachfolgenden Phase der Skalierung mit einer umfangreichen Finanzierung zum Tragen.

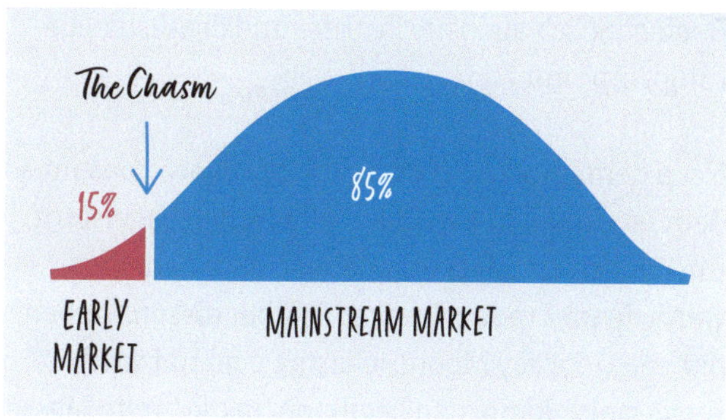

Abbildung 27: *Fokussiere dich als Start-up in den ersten Jahren ausschließlich auf den Early Market. Den Graben – den Chasm – wirst du mit dem Erreichen des Product Market Fit überqueren.*

Ziele also mit deinen Maßnahmen auf den Markt der fünfzehn Prozent Innovators und Early Adopters im Early Market. Wenn du dich hierzu weiter informieren möchtest, kann ich dir das Buch »Crossing the chasm« von Geoffrey Moore empfehlen. Diesem

Buch habe ich auch die Begriffe und die Visualisierung entnommen.

Nach dem Prinzip der Diffusion of Innovations muss dein Produkt den Early Market wirklich begeistern, um danach am Markt skalieren zu können. Erst wenn du im Product Market Fit über diesen Graben, der von Geoffrey Moore »chasm« genannt wird, hinweg bist, kannst du beginnen, in die breite Masse zu investieren. Alles, was du vorher in die breite Masse investierst, wird wahrscheinlich nicht den gewünschten Effekt erzielen.

> **Als Founder musst du in den ersten Jahren nicht alle Kund(inn)en glücklich machen. Akzeptiere, dass deine Lösung nicht für alle stimmig ist und du nicht um jeden Preis jede Kundin und jeden Kunden abholen musst. Wenn du deine potenzielle Kundschaft richtiggehend überreden musst, ist entweder dein Produkt schlecht oder die angesprochenen Menschen sind nicht die richtige Zielgruppe.**

Ein Wort zur Viralität

Ein spezielles Kapitel verdient die Viralität durch Empfehlungen. Das ist meiner Meinung nach die Königsdisziplin im Wachstum: Empfehlungen, die deine Kundinnen und Kunden aussprechen und so wiederum neue Kundschaft generieren. Diese Empfehlungen bringen dir einen besonderen Vorteil – sie erfordern kein Marketingbudget. Leider ist es ein Trugschluss, dass Kundinnen und Kunden die Weiterempfehlung aus Eigeninitiative machen. Baue in dein Produkt, sofern die Kundenzufriedenheit hoch genug ist, Mechanismen ein, die die Weiterempfehlung fördern. Du kannst beispielsweise Gutscheine oder Rabatte für Empfehlungen verteilen. Oder sogar eine Art Affiliate, also Provisionsprogramm, für aktive Kundinnen und Kunden aufbauen.

Die Vorteile der Viralität sind offensichtlich: Zum einen kostet dich eine positive Empfehlung wie erwähnt kein Geld, was besonders in der Anfangsphase von großem Vorteil ist. Zum anderen führen die ehrlichen Empfehlungen unter Gleichgesinnten meist zu den höchsten Conversions. Es gibt wunderbare Beispiele, wie beispielsweise die Einführung von Clubhouse, das mit einer Kombination aus FOMO und Empfehlungen ein unglaublich rasches Wachstum an den Tag gelegt hat. Wenn du so eine Strategie erfolgreich umsetzt, ist dein Product Market Fit im Nu erledigt.

> **Was Viralität für das B2C-Wachstum ist, sind Kundenerfolg und Kundenbindung für das B2B-Start-up.**

Der Unterschied zwischen B2B und B2C

Nehmen wir mal an, dass Viralität für dich, zumindest zu Beginn, doch nicht so einfach funktioniert. Dann führt kein Weg an der strukturierten Erarbeitung deines Wachstums vorbei. Unterscheide auf jeden Fall, ob du direkt an Endkunden, also Business to Consumer, kurz B2C, oder an Geschäftskunden, also Business to Business, kurz B2B, verkaufen wirst. Diese beiden Bereiche habe ich für dich komplett voneinander getrennt – einfach, weil sie in vielerlei Hinsicht voneinander abweichen. Besonders charakteristisch für das B2C ist eine hohe Anzahl von Transaktionen mit eher kleineren Warenkörben, während es beim B2B genau andersherum läuft. Große Warenkörbe, aber nur sehr wenige Transaktionen.

Somit sind B2B-Kundinnen und -Kunden zwar vom Umsatzvolumen der einzelnen Bestellung her in den allermeisten Fällen attraktiver, jedoch weisen sie auch einige Nachteile auf. Das B2B-Wachstum wird am Anfang klassisch mit einem Vertriebsprozess aufgebaut und basiert auf einer persönlichen Ansprache und einem komplexen, langwierigen Buying Process mit Einkauf, Gremien und mehreren Entscheidern.

Das B2C hingegen ist sehr marketinglastig und löst den sofortigen Kauf durch Self-Service ohne menschliche Interaktionen aus. Natürlich gibt es auch immer wieder Ausnahmen, wie beispielsweise B2B-Plattformen, die eigentlich den Charakter von B2C haben – etwa diverse Onlinemarktplätze wie fiverr, Envato oder upwork. Auf diese Besonderheiten will ich zunächst nicht eingehen. Es sollte immer im jeweiligen Fall entschieden werden, ob eine B2B- oder eine B2C-Strategie sinnvoll ist. Im B2B-Bereich wende ich tendenziell eher B2B-Sales-Methoden an, während ich im B2C-Bereich auf Growth-Hacking-Methoden setze. Aus diesem Grund ist es sehr wichtig, dass du diese beiden Modelle getrennt voneinander betrachtest und für dich entscheidest, welche Strategie passend ist. Vergiss aber bitte nicht: Natürlich können die Methoden auch teilweise vermischt werden, wenn es dein individuelles Geschäftsmodell erfordert. In den beiden nachfolgenden Kapiteln werde ich dir daher die Grundzüge der Strategien für B2C und B2B aufzeigen.

Growth Hacking B2C

Zum Einstieg ist es mir wichtig, dass du verstehst, was das Growth Hacking überhaupt ist. Es geht dabei um eine Form des Marketings, die sich auf messbares Wachstum fokussiert und durch Technologie effizient gestaltet wird. Keine unkonventionellen Marketingmaßnahmen sondern ein hoch strukturiertes Vorgehen. Growth Hacking umfasst alle drei Disziplinen aus der Abbildung 28, die miteinander kombiniert werden müssen, um erfolgreich zu sein.

Es geht also um die Themen des kreativen Marketings, des Experimentierens und der dadurch gewonnenen Daten für die weitere Optimierung und Automatisierung durch die Verwendung von Technologie. Wenn wir alle drei Bereiche für unser Start-up beherrschen, dann entsteht ein messbar gutes Wachstum.

Abbildung 28:
Growth Hacking umfasst drei Disziplinen, die miteinander kombiniert werden müssen, um erfolgreich zu sein.

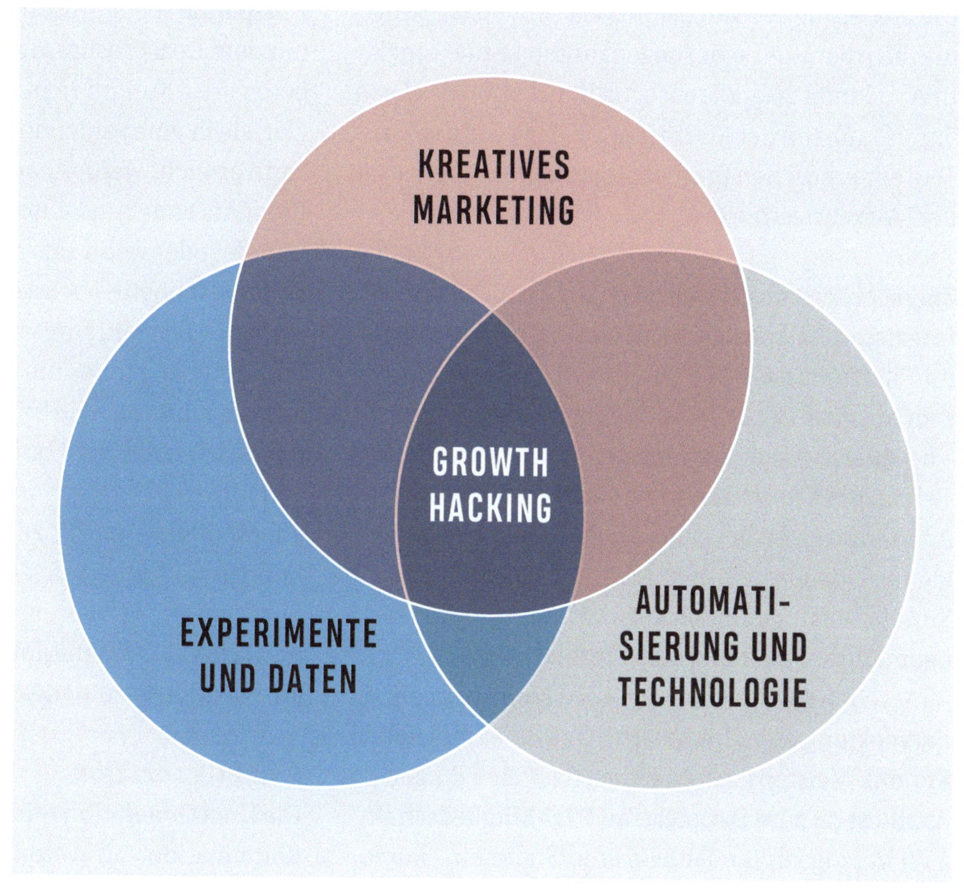

Die Steuerung des Wachstums via Growth Hacking mache ich mittels eines sogenannten Lead Funnel. In Abbildung 29 erkläre ich die Konzeption des Lead Funnel anhand der Marketing Strategy Canvas, ein Tool zur grafischen Erarbeitung und Dokumentation der Marketingstrategie.

Zuerst geht es um die Lead-Generierung. Mögliche Interessierte kannst du via Werbung, beispielsweise mit meta Ads oder Google Ads, auf dich aufmerksam machen. Besuchen sie deine eigenen Medien – beispielsweise deine Website –, forderst du sie auf, sich in einen kostenlosen Newsletter einzutragen. Am besten gibst du zu diesem Zeitpunkt bereits ein kleines Goodie als Teaser aus, um die potenziellen Kundinnen und Kunden anzuwärmen und weiter neugierig auf dich und dein Produkt zu machen. Danach folgt das sogenannte Lead Nurturing, die Entwicklung einer Interessentin zu einer möglichen Kundin. Meistens dauert diese Phase eher länger. So könntest du zum Beispiel eine Trial-Mitgliedschaft zum Vorzugspreis oder dein Produkt für eine kurze Zeitspanne sogar umsonst anbieten. Weiter geht es mit dem Deal Closure, dem Abschluss. Jetzt ist deine potenzielle Kundin richtig heiß, und es ist an der Zeit, sie in eine zahlende Kundin zu entwickeln. Dies kann erreicht werden, wenn die Trial-Phase deines Produkts endet und automatisch in die Bezahlphase mündet oder wenn sich die Kundin aktiv zu einem Kauf entschließt, nachdem sie automatisiert am Ende des Testzeitraums vom System gefragt wurde. Zum Schluss geht es um die Retention, also die Kundenbindung. Wie bringst du eine Kundin dazu, möglichst lange ihr Abonnement immer wieder zu verlängern oder sogar noch mehr Dienstleistungen oder Produkte von dir zu kaufen? Durch eine gute Kundenbindung kannst du einen höheren CLV, also Kundenwert, aufweisen. Schau dir dazu am besten die Kapitel »Kundenerfolg« und »Kundenbindung« an. Hier die einzelnen Schritte im Detail:

Lead Generation

Die Lead Generation erfolgt üblicherweise durch die Kombination von Werbung und darauffolgend den

THE MARKETING STRATEGY CANVAS
MARKETING STRATEGY TOOLKIT 1.0

BRAND & PRODUCTS/SERVCIES

VALUES & MESSAGES

AUDIENCE

MAIN TOPICS

MARKETING BUDGET

PERFORMANCE

LEAD GENERATION

LEAD NURTURING

DEAL CLOSURE

RETENTION

Board level KPI

Operational KPI

Campaigns

involved technology

Abbildung 29: *Die Konzeption des Lead Funnel mache ich oft mit der Marketing Strategy Canvas.*

eigenen Medien. Das bedeutet also konkret: Social Ads, App Store Ads sowie Search Ads beispielsweise bei Google. Neben den Paid Ads gibt es allerdings noch die Maßnahme der Suchmaschinenoptimierung, kurz SEO (Search Engine Optimization). SEO hilft dir, langfristig und organisch zu wachsen und in den Suchergebnissen bei Google und in anderen Suchmaschinen immer weiter aufzusteigen. Ein weiterer sehr wichtiger Effekt von guter SEO: Je besser die SEO, desto niedriger wird dein SEA (Search Engine Advertising), also deine Werbeausgaben auf Suchnetzwerken. Bemüh dich, sofern das für deine Zielgruppe relevant ist, auch auf den sozialen Netzwerken um organische Reichweite, da so die Werbekosten ebenfalls gesenkt werden können. Je höher die organische Reichweite, desto weniger Kosten musst du für Werbung ausgeben. Organische Reichweite entwickelt sich aber auch erst über eine gewisse Dauer. Deshalb wirst du zum Start nicht um Werbung und Paid Ads herumkommen. Die potenzielle Interessenten kommen von den Plattformen von Drittanbietern auf deine Website. Damit dies passiert, musst du ihr Interesse innerhalb weniger Sekunden wecken können. Die Aufmerksamkeitszeit von Internetnutzenden wurde in mehreren Studien getestet – für Landingpages wird sie nur auf wenige Sekunden geschätzt. Für Werbung noch viel Kürzer. Aus diesem Grund ist es wichtig, dass du direkt auf den Punkt kommst. Zeig eine Art Aufhänger auf deiner Website, der die Besuchenden neugierig macht, sodass sie länger auf deiner Website bleiben. Zusammengefasst geht es bei der Lead Generation also darum, Menschen, die dich und dein Produkt noch nicht kennen, auf Drittplattformen anzusprechen und für dein Produkt zu interessieren. Wenn wir über die Lead Generation reden, so reden wir auch immer über den CPC, also die Kosten eines Klicks auf eine Werbung von dir. Make it count!

Lead Nurturing

Nachdem du die Interessenten auf deine eigene Website gebracht und dafür gesorgt hast, dass sie sie nicht sofort wieder verlassen, geht es in die nächste

Phase: das Lead Nurturing. Aus anonymen Besuchenden werden dabei bekannte Kontakte, vorzugsweise in deiner Marketing Automation. Versuche, den Kontakt so niederschwellig wie nur irgendwie möglich herzustellen. Biete beispielsweise die Möglichkeit, sich für einen Newsletter einzutragen, oder stell einfach einen Social Follow über deine Website her. Das ist besonders erfolgreich, wenn du es an eine kleine Belohnung knüpfst, wie etwa einen Wettbewerb, einen Gutschein oder Ähnliches. Dann sind die Besuchenden oftmals bereit, ihre E-Mail-Adresse über dein Kontaktformular zu hinterlassen oder dir auf den Social Media zu folgen. Ab diesem Zeitpunkt müssen die neu gewonnenen Kontakte kontinuierlich begleitet und inspiriert werden. Dies erreichst du mit relevanten und spannenden Inhalten, entweder per Mail mithilfe eines Newsletters oder auf deinen Social-Media-Kanälen. Verfalle aber keineswegs in Geschwafel und stelle dir stattdessen immer wieder die Frage, was auch dich selbst wirklich interessieren würde und was deinen neuen Kontakten einen echten Mehrwert liefert. Unter anderem können das neue Features deines Produkts, aber auch Aktionen sein, über die du ebenfalls die Bindung zu deinen neuen Kontakten stärken kannst. Ist die Bindung erst einmal vorhanden, geht es im Anschluss darum, den richtigen Moment zu erwischen, an dem der Interessent zu einem Kunden werden kann. Das kannst du automatisieren mit einer geeigneten Marketing-Automation-Software wie Hubspot oder Mailchimp. Beim Lead Nurturing sprechen wir immer vom CPL, also dem Cost per Lead. Das sind alle Kosten, die anfallen, bis ein bekannter Kontakt mit konkretem Interesse an deinem Produkt generiert wurde.

Deal Closure

Sollte dein Produkt erklärungsbedürftig sein, kannst du nicht einfach davon ausgehen, dass der potenzielle Lead, also Interessentin oder Interessent, nach mehreren Newsletter-Mails und Goodies sich für dein Produkt entscheiden wird. Vielmehr solltest du dann, beispielsweise wenn es um SaaS-Lösungen geht, eine Lösung und Strategie gefunden haben, den Leads das Produkt vorab kostenfrei zu zeigen. So können sie sowohl das Produkt verstehen als auch ein Verlangen danach entwickeln. Das kann über persönliche Demo-Versionen, Test-Versionen, Freemium-Angebote oder ähnliche Maßnahmen erfolgen. Wir sprechen hier beim Deal Closure vom CAC, also Customer Acquisition Cost – das heißt, wie viel kostet es uns, einen Kunden zu akquirieren.

Der CAC ist einer der meist nachgefragten Werte von Investierenden vor einer Investition. Beachte bitte, dass der CAC auf unterschiedliche Art und Weise berechnet werden kann. Wichtig ist hier vor allem, dass du eine transparente Definition gefunden hast und diese für dein Geschäftsmodell relevant ist. Hast du beispielsweise ein skalierendes B2C-Modell, so sind die Mediakosten wahrscheinlich relevanter als die internen Lohnkosten. Hast du wiederum ein klassisches B2B-Vertriebsmodell, solltest du unbedingt die internen Aufwendungen für Lohn erfassen und in den CAC mit hineinrechnen.

Natürlich kann es in deinem Sales Funnel beliebig viele weitere Zwischenstufen geben, die du auch messen kannst. Sei dir daher über alle Schritte und deren Abfolge bewusst, sodass du einen durchgängig messbaren Funnel aufbauen kannst. Wenn dir das gelingt, kannst du es schaffen, wirklich am richtigen Ort der Kampagne zu optimieren und somit deine Kostenstruktur zu senken. Weniger ist dabei oft mehr: Es bringt dir nichts, einfach wild herumzuoptimieren, ohne überhaupt zu wissen, welcher Fehler oder welcher optimierungsbedürftige Prozess zugrunde liegt. Schnell kann es passieren, dass man den Wald vor lauter Bäumen nicht mehr sieht. In Abbildung 30 nochmals unsere Übersicht zu dem gesamten Prozess, von der Lead-Generierung bis zum Deal Closure.

THE MARKETING STRATEGY CANVAS
MARKETING STRATEGY TOOLKIT 1.0

BRAND & PRODUCTS/SERVCIES

VALUES & MESSAGES

AUDIENCE

MAIN TOPICS

MARKETING BUDGET

PERFORMANCE

LEAD GENERATION

LEAD NURTURING

DEAL CLOSURE

RETENTION

Board level KPI

Operational KPI

Campaigns

involved technology

COST PER CLICK

COST PER LEAD

CUSTOMER ACQUISITION COST

DRITT-MEDIEN
- SOCIAL
- AFFILIATE
- SEA/SEO
- EVENTS
- BROADCAST
- DISPLAY

EIGENE MEDIEN
- SOCIAL
- PHYSISCH
- WEBSITE
- PRINT
- NEWSLETTER

PRODUKT
- DEMO
- UPGRADE
- FREEMIUM
- EMPFEHLUNG
- TRIAL

Abbildung 30: *Hier die vereinfachte Übersicht eines Lead Funnel im Growth Hacking.*

> **Growth Hacking hat sich bereits als Berufsbezeichnung etabliert und beschreibt Marketing-Fachkräfte, die mithilfe von Experimenten und Daten erfolgreich Wachstum erzeugen. Growth-Hacker erkennst du daran, dass sie grundsätzlich keine Antworten parat haben, sondern auf alle Fragen antworten: »Das muss erst noch getestet werden.«**

B2B-Verkauf

Als Start in den B2B-Verkauf empfehle ich dir, einen Prozessablauf zu etablieren und für dich zu verinnerlichen, wie in Abbildung 31 auf Seite 186 dargestellt.

Marketing: Hier generierst du Aufmerksamkeit und erzielst über Marketing-Maßnahmen interessierte Kontakte für die folgende Qualifizierung.

Inbound/Outbound: Qualifiziere die durch dein Marketing (Inbound) oder deine Kaltakquise (Outbound) generierten Leads und organisiere Termine für erste Treffen mit deiner potenziellen Kundschaft.

Inspiration: Ich setze bei einem ersten Treffen stark auf die Chance, die Kund(inn)en zu inspirieren und zu begeistern. Mit dem so erzeugten Elan im Rücken kann gleich ein zweites Treffen vereinbart werden.

Geschäftsmöglichkeit: Stelle in diesem zweiten Treffen dein konkretes Angebot vor und gehe genau darauf ein, wie die Integration deines Produkts der Kundin einen Mehrwert schafft. Skizziere auch mögliche Szenarien, in denen deine Kund(inn)en einen Zeit- oder Kostenvorteil hat. Hier besteht die Möglichkeit, sie mit einer gesunden Portion FOMO weiter für dich zu gewinnen.

Kundenerfolg: Sorge dafür, dass die Szenarien, die du kreiert hast, auch durch deine Zusammenarbeit beziehungsweise dein Produkt eingehalten werden können, sodass die Kundin nachhaltig mit deinem Produkt erfolgreich ist. Siehe auch das nachfolgende Kapitel.

Kundenbindung: Sichere dir die nachhaltige Zufriedenheit deiner Kund(inn)en und sorge somit dafür, dass sie auch in Zukunft Produkte bei dir kauft.

Der Start des B2B-Verkaufsprozesses findet über entsprechendes B2B-Marketing oder aber direkt über Outbound-Maßnahmen statt. Da sich der Ansatz über das Marketing zu qualitativ guten Inbound-Kontakten am Anfang oft schwierig gestaltet und zudem die Pitches zum Start deines Start-ups noch nicht ausgereift sind, empfehle ich dir, mit Outbound zu beginnen. Den Weg über das Outbound kannst du auch ohne Vorkenntnisse sofort starten. So kannst du rasch neue Kontakte aufbauen. Die Skalierung über Marketing und Inbound kannst du zu einem späteren Zeitpunkt noch in den Prozess einbauen. Nämlich dann, wenn dein Sales Pitch gereift ist und deine Konversionsrate in den Gesprächen nachweislich hoch ist. Der initiale Outbound-Verkaufsprozess ist einfach umzusetzen:

1. Definiere deine Zielgruppe und baue dir eine Kontaktliste auf. Starte mal mit fünfzig potenziellen Kundinnen und Kunden.
2. Rufe diese Kontakte an und vereinbare das erste Verkaufsgespräch direkt am Telefon. Nimm die Einwände auf und schreibe dir die funktionierenden Argumente für eine weitere Verwendung auf.
3. Löse beim ersten Treffen Begeisterung aus und vereinbare ein weiteres Gespräch, um die Grundlage für dein Angebot herzustellen.

Wichtig bei deinem Angebot wird es sein, den Kundenerfolg in den Vordergrund zu stellen. Was nützt es dir, wenn der Kunde nach dem Verkauf unzufrieden ist und möglicherweise sogar schlechte Rezensionen schreibt?

Abbildung 31: *Etabliere als Start in den B2B-Verkauf den hier dargestellten Prozess.*

Nun hast du zwar den generellen Ablauf kennengelernt, kannst aber sicher noch ein paar konkretere Ideen zur Umsetzung brauchen. Aus diesem Grund stelle ich dir hier die einzelnen Schritte im Detail vor.

Outbound

Das Ziel beim Outbound ist es, ein erstes Treffen mit dem potenziellen Kunden zu vereinbaren. Dieses Treffen braucht nicht lange zu sein – dreißig Minuten reichen aus, damit du dein Produkt und dein Vorhaben erklären und Begeisterung auslösen kannst. Outbound wird im Deutschen Kaltakquise genannt – vermutlich hast du jetzt das Bild von vielen Anrufen im Kopf. Und genau das ist auch im digitalen Zeitalter noch immer richtig. Du benötigst für die Kaltakquise dein Telefon, Zeit und vor allem eines: ein gutes Skript, das du dir im Vorfeld erstellst. Du kannst dir wahrscheinlich vorstellen, dass es viele Nein geben wird. Auch Einwände wie etwa »Ich habe gerade keine Zeit« werden kommen. Aber du solltest darauf vorbereitet sein und gut nachsetzen können, sodass du doch noch dein Dreißig-Minuten-Treffen erhältst. Sei ruhig energisch, aber achte darauf, nicht zu sehr zu drängen.

Falls man versucht, dich abzuwimmeln, mache zum Beispiel einen Vorschlag: »Ich verstehe, Sie sind stark unter Druck. Das kenne ich und ich möchte nicht viel länger stören. An welchen Tagen sind Sie denn normalerweise besser verfügbar? – Donnerstag oder Freitag klingt gut – Darf ich Ihnen für Donnerstag zu einer Randzeit einen kurzen Termin einstellen?« So kannst du bei einigen Kunden auch nach einem Nein noch viel herausholen.

Gestalte dein Skript so lang, dass du es in fünfzehn Minuten telefonisch vorstellen kannst, und vergiss nicht, am Ende mit den potenziellen Interessenten ein Treffen zu vereinbaren. Ebenfalls wichtig ist es, zu identifizieren, wer der Beeinflusser und wer die jeweilige Entscheiderin im Unternehmen sind. Beachte, dass nie das Unternehmen selbst kauft, sondern immer die Menschen, die dahinterstehen. Lege aus diesem Grund während des gesamten Outbound-Gesprächs deinen Fokus darauf. Die Formel dazu ist ganz einfach: Empathie mit dem Beeinflusser/der Entscheiderin zeigen, eine Brücke aufbauen, und die Einwände, die gegenüber deiner vorgestellten Lösung, also deinem Produkt, geäußert werden, integrieren. Kategorisiere die Kundinnen und Kunden wie bei den Investierenden von A bis C und spreche die C-Kunden zuerst an. Diese haben ein echtes Interesse und geben dir wertvolles Feedback bezüglich deiner Ansprache beziehungsweise deines Pitches. Und falls dein Pitch noch nicht so toll ist, vergraulst du nicht gleich zu Beginn deine Wunschkundschaft.

Inspiration

Es ist geschafft: Du hast die potenzielle Kundin für ein erstes Gespräch begeistern können. Ich finde die Überlegung schön, beim ersten Gespräch den Mehrwert für die Kundin hervorzuheben und Begeisterung auszulösen. Das Ziel dieses Treffens ist also nicht der direkte Verkauf, sondern vielmehr, das Verlangen nach deinem Produkt hervorzurufen. Mache dir zu diesem Zweck wieder ein Skript, damit du bei der Vorstellung und bei häufig gestellten Fragen nicht den Faden verlierst. Lerne dieses Skript am besten auswendig, sodass das Gespräch nicht wie eine einstudierte Verkaufspräsentation wirkt. Begeisterung erzeugst du durch unerwartete Momente im Gespräch. Teilweise liefert dein Produkt selbst diese Momente, aber manchmal musst du sie auch gezielt in deinem Skript entwickeln. Am Ende des Treffens organisierst du gleich ein weiteres Treffen zum gemeinsamen Vertiefen der Geschäftsmöglichkeiten.

Geschäftsmöglichkeit

Beim zweiten Treffen geht es um das Ausloten der Geschäftsmöglichkeiten. Plane mindestens sechzig Minuten oder gar mehr ein. Durch gezielte Fragen kannst du in diesem Gespräch herausfinden, welche Geschäftsprobleme und Chancen bei deinem möglichen Kunden bestehen. Am Ende des Treffens solltest du ihre drei wichtigsten Chancen und Probleme identifiziert haben und darauf erste Antworten kennen, die natürlich durch dein Produkt gegeben werden. Diese schreibst du dann in eine Auftragsbestätigung, die du dem Kunden einfach mal – ihr habt das natürlich vorher abgesprochen – zusendest. Finde unbedingt heraus, wer für die finale Entscheidung verantwortlich ist und an wen du letztlich die Bestätigung schicken sollst. Es kann sein, dass du das Gespräch nicht mit der entscheidenden Person geführt hast. Ich bin ein überzeugter Verfechter des radikalen Vereinfachens. Nur so können deine potenziellen Kundinnen und Kunden deine Argumente sofort verstehen und nachvollziehen. Nenne echte Fallbeispiele. Frage zum Beispiel: »Haben Sie

Probleme bei der Neukundengenerierung, und wie äußern sich diese?« Worauf die Antwort sein könnte: »Na ja, nicht wirklich. Irgendwie funktioniert es immer, aber eigentlich weiß ich nicht, woher die Kunden jeweils kommen.« Genau an einem solchen Punkt kannst du ansetzen, wenn dir die Antwort in die Karten spielt. Nun kannst du deine Expertise und deine Erfahrungen auf diesem Gebiet indirekt betonen und etwa sagen: »Ja, das kennen wir. Unser Kunde ABC hat dank unserer Lösung beispielsweise herausgefunden, dass dreißig Prozent seiner Kunden über Google Ads kommen, und sich dann darauf fokussiert. Seine Marketingkosten konnte er dadurch um fünfzig Prozent reduzieren, und er hatte trotzdem noch gleich viele Neukunden.«

Und schon schenkt dir die Interessentin ihr Vertrauen, weil du ihr gezeigt hast, dass du ihre bestehenden Probleme bereits bei anderer Kundschaft gelöst hast und diese durch deine Arbeit zu einem deutlich besseren Ergebnis gekommen sind. Sollte sich nicht gleich eine Zusammenarbeit mit deinem Interessenten ergeben, fasse spätestens nach zwei Wochen nach, ob du mehr Informationen liefern kannst oder ob es andere offene Fragen zu deinem Produkt gibt. So bleibst du in Erinnerung, und der Kunde merkt zudem, wie sehr dir an der Zusammenarbeit gelegen ist. Die Devise lautet also: Dranbleiben und beharrlich sein.

Übergabe an den Kundenerfolg

Wenn der Kunde/die Kundin nun den Auftrag bestätigt hat, sollte sich dein Teammitglied, das für den Kundenerfolg verantwortlich ist, bei ihr melden. Zunächst erfolgt ein Onboarding auf dein Produkt. Schließlich ist die Entscheiderin meist nicht zugleich die eigentliche Nutzende deines Produkts. Lasse dir daher gleich bei Vertragsabschluss Kontaktdaten von der zukünftigen Hauptnutzenden geben und setze dich mit ihr in Verbindung, um alle weiteren Maßnahmen zur Einführung abzustimmen. Dann solltest du die Geschäftsziele sauber an das Kundenerfolgsteam übergeben. Schreib in die Auftragsbestätigung kurz, aber klar rein, welche wichtigen Möglichkeiten und Lösungspakete vorliegen. So weiß das Kundenerfolgsteam, welches Programm es mit der Kundin durchgehen soll. Hierzu erfährst du mehr im Kapitel »Kundenerfolg«.

> **Persönliche Gespräche sind das Gold des B2B-Verkaufs. Nur durch strukturierte Gespräche und eine Kultur des Zuhörens und Lernens findest du deinen perfekten Pitch.**

Checkliste

- ☐ Skizziere deinen Lead Funnel
- ☐ Skizziere deinen B2B-Sales-Prozess

KUNDENERFOLG

Kommen wir nun zum wohl wichtigsten Teil für den Product Market Fit: den Kundenerfolg, englisch »Customer Success«. Wie der Name schon sagt, geht es darum, dass deine Kundschaft maximalen Nutzen aus deinem Produkt erzielt. Der Kundenerfolg sorgt dafür, dass du deine Kundinnen und Kunden erfolgreich machst und dadurch selbst erfolgreicher wirst. Denn zufriedene Kundschaft empfiehlt dich auch gerne weiter – wenn du fragst. Wie du für den Erfolg sorgen kannst, damit ein kontinuierlich hoher Kundennutzen kreiert wird, und wie du das durch messbare Kennzahlen überprüfen kannst, erfährst du in diesem Kapitel.

Der Kundenerfolg ist für dein Start-up zur Erreichung des Product Market Fit von zentraler Bedeutung. Und trotzdem ist es eine der am häufigsten unterschätzten Arbeiten. Mühselig akquirierte Kundschaft sollte möglichst erfolgreich werden und entsprechend lange deine Kundschaft bleiben. Je länger deine Kundinnen und Kunden deinem Start-up treu bleibt, umso höher wird der Customer

Lifetime Value. Dazu muss natürlich das Preismodell passen, damit mit dem höheren Kundenerfolg auch der Erfolg deines Start-ups zunimmt. Wenn du dich zudem auf deine Kundinnen und Kunden fokussierst und aufmerksam ihre Rückmeldungen zu deinem Produkt analysierst, wirst du wertvolle Inspiration für dein eigenes Produkt und deine Marketing Botschaften erhalten.

Die drei Bereiche des Kundenerfolgs

Ich unterteile den Kundenerfolg für mich mental in drei Bereiche, die sich um die Schaffung von Nutzen und die Reduktion von Hürden kümmern: Onboarding, Kundennutzen sowie technischer Support. Das Ziel dieser drei Bereiche ist die konzentrierte Arbeit um deiner Kundschaft möglichst einfach einen möglichst hohen Mehrwert bieten zu können. Kundenerfolg erfordert ein unternehmerisches Verständnis von deinem Team, sodass Kundenbelange zielgerichtet und effektiv gelöst werden können.

Die Gestaltung einer verständlichen Einführung (Onboarding) in das Produkt, die Erhöhung des Nutzens während der gesamten Kundenbeziehung und das Lösen von dringenden, technischen Problemen stehen dabei im Fokus.

Onboarding

Sobald Kundinnen und Kunden dein Produkt gekauft haben, möchten sie vor allem eines: vom Produkt begeistert sein. Und das ohne großen Aufwand oder Einarbeitungszeit. Aus diesem Grund ist es besonders wichtig, rasch für erste Kundenerfolge mit deinem Produkt zu sorgen, sodass bei den Kundinnen und Kunden von Anfang an ein echter Wow-Effekt hervorgerufen wird. Sorge dafür, dass sie durch ein Onboarding möglichst direkt nach dem Kauf unterstützt werden. Sogenannte Product-Adaption-Plattformen können dir dabei helfen, das Onboarding für deine Kundschaft besser zu gestalten. Sogenannte Produktführungen oder kurze Erklärvideos sind ein einfaches und sehr bewährtes Mittel, um komplexe Produkte einfach zu erklären.

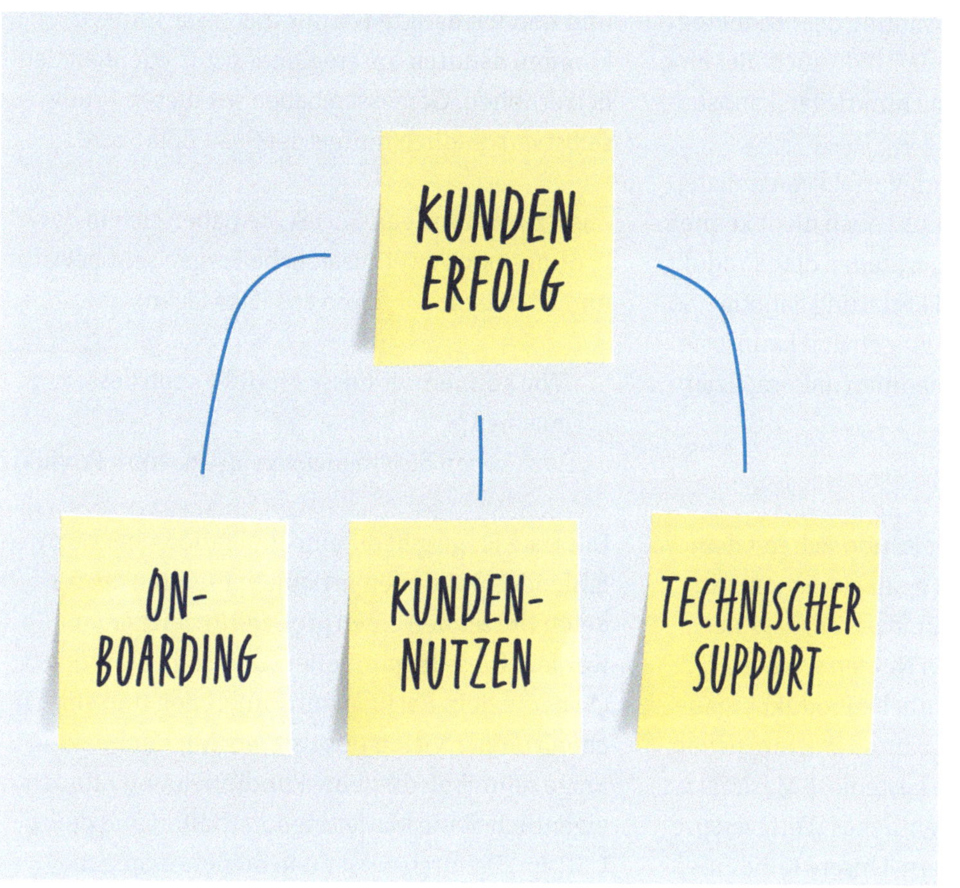

Abbildung 32: *Kundenerfolg besteht aus den drei Bereichen Onboarding, Kundennutzen und technischer Support.*

Vergiss dabei nicht die Verwendung der Produkteinführungen auch zu messen, damit du auch hier eine kontinuierliche Verbesserung hinkriegen kannst.

Es ist auch von Vorteil, sich im Vorfeld von unbeteiligten Personen, die das Produkt noch nicht kennen, verraten zu lassen, an welchen Stellen dein Produkt noch unverständlich ist und Erklärung benötigt. So erkennst du häufig gestellte Fragen und kannst sie mittels der erwähnten Maßnahmen unkompliziert beantworten.

Kundennutzen

Nachdem deine Kundin oder Kunde sich mit deinem Produkt erfolgreich vertraut gemacht hat, musst du dich kontinuierlich dafür einsetzen, dass sie erfolgreich den gewünschten Nutzen erhalten. Oft geht das auch über das eigentliche Produkt hinaus. So haben wir in einem aufgebauten Start-up neben dem Kernprodukt auch eine kostenlose Masterclass etabliert, um über unser eigentliches Werteversprechen noch Mehrwert zu liefern. Unsere Kundinnen und Kunden dankten es uns mit Treue und wir konnten dadurch unsere Kundenzufriedenheit deutlich erhöhen. Gemessen haben wir diesen Erfolg selbstverständlich mittels des Sean Ellis Score.

Zusätzlich zum Sean Ellis Score haben sich in der Umfrage noch zwei zusätzliche Fragen sehr bewährt und ich möchte dir diese ans Herz legen:

- Wie können wir unser Produkt noch besser machen?
- Was lieben Sie am meisten an unserem Produkt?

Die erste Frage gibt dir eine Indikation über noch fehlende Funktionen in deinem Produkt, die für deine Nutzenden einen großen Nutzen bieten werden. Diese Inspirationen kannst du als Product Owner in dein Backlog mit aufnehmen und entsprechend deiner Vision priorisieren. Mit der zweiten Frage schreiben dir deine Kundinnen und Kunden eigentlich deine Marketingbotschaften und deine USP vor. Dadurch wirst du in deiner Ansprache immer prägnanter und kannst die Vorzüge deines Produktes in der Sprache deiner Kundinnen und Kunden wiedergeben. Ein nicht zu unterschätzender Vorteil.

Technischer Support

Den technischen Support kennst du sicherlich bereits von vielen unterschiedlichen Unternehmen, bei denen du selbst bestellt hast. Nicht umsonst hat sich in den letzten Jahren die Kombination aus einem guten FAQ und einem Ticketingsystem durchgesetzt. Ich starte bei meinen Start-ups immer zu Beginn mit einer einfachen Support E-Mail-Adresse. Dadurch können wir rasch und unkompliziert unseren Kundinnen und Kunden Hilfestellungen liefern und lernen gleichzeitig, welche Fragen und Probleme effektiv vorliegen. Diese können wir dann als Grundlage für ein FAQ verwenden und so eine weitere Hilfestellung für die Kundschaft bieten. Sobald diese einfachen Maßnahmen dann nicht mehr ausreichen, bietet sich die Etablierung eines Ticketingsystem für das strukturierte Arbeiten an. Ich habe da sehr gute Erfahrungen mit einfachen Softwarelösungen wie beispielsweise Freshdesk gemacht. Immer vermehrt sehe ich zudem den Einsatz von KI unterstützten Chatbots. Diese kannst du mit deinem FAQ und weiterer Dokumentation anlernen und deinen Kundinnen und Kunden ein interaktives Erlebnis, nahe an einem menschlichen Mitarbeitenden bei der Problemlösung liefern.

> **Beim Kundenerfolg bist du der Advokat der Kundinnen und Kunden im Start-up. Jede deiner Überlegungen muss sich um den Nutzen für deine Kundschaft drehen. Wenn du nicht weißt, wo du damit anfangen sollst, setze dir einfach ein Ziel: Mach pro Tag eine Kundin oder einen Kunden persönlich erfolgreich.**

Checkliste

- ☐ Wie sieht dein Onboarding Prozess aus?
- ☐ Wie hoch ist dein Sean Ellis Score?
- ☐ Welche Fragen stellen dir deine Kundinnen und Kunden immer wieder?

KUNDENBINDUNG

Die Kundenbindung, englisch »Customer Engagement«, erfordert Einfühlungsvermögen und auch ein wenig Kommunikationsstärke sowie Psychologie. Im Unterschied zum Kundenerfolg, fokussiert sich die Kundenbindung auf die zeitliche und emotionale Bindung deiner Kundschaft. Im Kern kannst du dir folgenden Satz merken:

Reduziere Frustration und verstärke Freude.

Kurz: Make them happy! Aber wie erreichst du das überhaupt? Klar, ein großartiges Produkt ist die Basis dazu. Es gibt aber noch weitere Wege, neben der eigentlichen Verwendung des Produktes, deine Kund(inn)en zufrieden zu machen. Wichtig dabei ist mir einfach, dass du das Ziel hinter der Kundenbindung nicht aus den Augen verlierst: Die nachhaltige Bindung deiner Kundschaft über längere Zeit. Ich unterscheide bei der Kundenbindung grundlegend zwischen zwei verschiedenen Dingen: Wie oft nutzen deine Kund(inn)en dein Produkt und wie lange bleiben sie deinem Start-up als Kundschaft treu.

Messen der Produktnutzung

Damit du die sogenannte Produktnutzung, auf englisch Usage Frequency, deiner Nutzenden auf deinem Produkt messen kannst, musst du gewünschte Interaktionen mit deinem Produkt definieren. Gewünschte Interaktionen sind je nach Business und Branche recht unterschiedlich definiert. So kann es in einem Start-up mit dem Fokus auf Automatisierung passieren, dass sich Nutzende nur einmal im Monat im Produkt anmelden. In einem Start-up, das stark von sozialen Interaktionen lebt, sollten sich die Nutzenden jedoch mehrmals pro Tag interagieren.

Wichtig ist daher, dass du die Frequenz dieser Interaktionen mit deinem Produkt erkennst und dir zunutze machst. Dadurch kannst du Funktionen, die oft genutzt werden, verbessern und kaum verwendete Bereiche wieder ausmerzen. Diese Arbeiten sind sehr vergleichbar mit den Ergebnissen aus dem Sean Ellis Score. Nur basiert diese Methode auf passivem Beobachten der Nutzenden, statt auf aktiven Rückmeldungen. Ich verwende für die Beobachtung der Nutzenden oft die Softwarelösung Posthog. Diese erlaubt es mir sogar, die Bewegungen meiner Nutzenden aufzuzeichnen und zu einem späteren Zeitpunkt wieder abzuspielen. Vergiss aber bitte nicht, deine Nutzenden in der Datenschutzerklärung darüber aufzuklären. Die Beobachtung der effektiven Verwendung des Produktes erlaubt dir den Rückschluss auf Frustrationsmomente und die nützlichsten Funktionen in deinem Produkt. Diese kannst du dann gezielt in der Produktentwicklung angehen.

Ebenfalls empfiehlt es sich, darauf zu achten, wie deine Kundinnen und Kunden mit dir auf den sozialen Netzwerken kommunizieren. Erhält dein Start-up viele Likes, positive Kommentare oder direkte Nachrichten? Wie ist die Tendenz? Informiere dich auch in regelmäßigen Abständen darüber, ob deine Kundinnen und Kunden dein Produkt im Internet – zum Beispiel über den App Store, OMR Reviews oder

Portale wie Google oder Facebook etc. – bewerten. Diese Bewertungen sind als Empfehlungen für oder gegen dich einzuschätzen und sollten daher ernst genommen werden.

> **Die Kundenbindung lebt von den positiven Emotionen im Kontakt mit deinem Start-up. Auch hier ein guter Startpunkt: Überlege dir eine Maßnahme pro Woche, mit der du deine Kundinnen und Kunden glücklicher machen kannst.**

Messen der Kundentreue

Das Wichtigste, was du vorab zu den Messungen der Kundentreue wissen solltest, ist, dass die Analysen nicht auf die Gesamtheit deiner Kundschaft abzielen, sondern immer personenbezogen sind. Es geht daher um personalisierte Daten, die du pro Nutzerin und Nutzer gesammelt hast. Ziel der quantitativen Messung ist es, eine Datengrundlage zu schaffen, damit du erkennen kannst, wie lange deine Kundschaft deinem Start-up treu bleibt und deine Produkte nutzt. Diese Grundlage nutzt wiederum du mit deinem Team und kreierst Maßnahmen zur Verlängerung der Kundenbeziehung.

Zur Messung selbst gibt es zahlreiche gute Tools, wie etwa Marketing-Automation- oder Customer-Data-Plattformen, die dir dein Leben deutlich erleichtern und helfen, die gewonnenen Daten schnell und effektiv auszuwerten. Bei der Auswertung unterscheide ich zwischen aktiven, passiven sowie inaktiven Nutzenden. Aktive sind solche, die regelmäßig die gewünschten Interaktionen durchführen. Nach der ersten Begeisterung flacht die aktive Nutzung oft ab, und die Nutzerinnen und Nutzer werden passiv. Wenn dieser Zustand über eine längere Zeit anhält, werden aus passiven Nutzenden inaktive oder, noch fataler, sie künden das Abonnement. Das sind dann leider keine Kundinnen und Kunden mehr, sondern ab dem Moment zählen sie zur sogenannten Churn.

Nehmen wir als Beispiel an, dass du derzeit 25 000 aktive sowie 125 000 inaktive Nutzende hast. Der hohe Anteil der inaktiven Nutzenden weist darauf hin, dass hier einige Kundinnen und Kunden bald ihr Abonnement künden werden. Du solltest also tätig werden und versuchen, die inaktiven Nutzenden wieder zu aktivieren. Das gelingt dir aber nicht bei Allen und so wurden im letzten Monat 150 Abonnements gekündigt. Die Churn für diesen Zeitraum beträgt also einhundertfünfzig Kundinnen und Kunden. Deine Churn Rate berechnest du, indem du 150 durch 150 000 teilst. Deine Churn Rate beträgt also ein Prozent. Je geringer die Churn-Rate ist, desto besser.

Wichtig ist die Definition von aktiven und inaktiven Kundinnen und Kunden. Je nach Produkt kann nämlich die Aktivierung bereits beim Lesen des Newsletters oder eben erst bei der Nutzung des Produktes selbst stattfinden. Lege im Vorfeld, abhängig von deinem Business, fest, ab welchem Zeitpunkt die Aktivierung eintritt, und rechne fortan mit dieser Grundlage. Lege ebenfalls vorher fest, wann die Kundin oder der Kunde weg ist. Ist dies beim Kündigen des Abos oder erst nach Ablauf der Kündigungsfrist der Fall? Schließlich ist der Vertrag zwar gekündigt, die Kündigung könnte allerdings noch widerrufen werden. Du siehst: Es ist gar nicht so einfach, die Messkriterien richtig zu definieren. Auch die Periode, die du für dich setzt, ist wichtig. Schließlich gibt es Produkte mit höherer oder geringerer Saisonalität. Mach es aber, zumindest am Anfang, nicht komplizierter, als es ist: Definiere vorerst einfach den jeweiligen Kalendermonat als Periode und sehe die Kundschaft, die innerhalb dieser Periode gekündigt hat, als Fluktuation an.

Die Churn ist zu Recht eines der wichtigsten Kriterien zur Bewertung des Start-up-Erfolges. Eine tiefe Churn ist ein Qualitätsmerkmal von hervorragenden Produkten und spricht von einem hohen Nutzen – oder einem großen Lock-in-Effekt im Produkt. So oder so ist es ein Fokusbereich in der Produktentwicklung für dich als Founder.

Ein paar Ideen …

Wie du bestimmt bemerkt hast, sollen praktische Beispiele in diesem Buch nicht zu kurz kommen. Aus diesem Grund habe ich dir nachfolgend einige Ideen zur Stärkung deiner Kundenbindung zusammengefasst, die du auf dein Start-up anwenden kannst:

Sag Danke

Ein Danke ist immer eine Wertschätzung einem anderen Menschen gegenüber. Nutze dieses kraftvolle Tool und bedanke dich mit Mails nach der Bestellung, aber auch für Reviews oder offline nach einem großartigen Gespräch.

Feiere deine Bewertungen

Veröffentliche die Bewertungen beispielsweise auf deinen Social-Media-Kanälen. Die Bewertenden werden sich darüber freuen. Eventuell werden deine Social-Media-Followers motiviert, selbst eine Bewertung abzugeben, weil sie eine Chance darin sehen, von dir geteilt zu werden.

Belohne Engagement

Belohne regelmäßige Interaktionen mit deinem Produkt oder deinem Unternehmen mit verschiedenen Incentives und begeistere deine Kundinnen und Kunden dadurch noch mehr von deinem Unternehmen.

Fanclub

Was vielleicht auf den ersten Blick ein wenig komisch wirken mag, kann tatsächlich recht mächtig sein. Mit einem VIP-Zugang für deine Fans zu bestimmten Foren, Gruppen oder Ähnlichem kannst du ein Zusammengehörigkeitsgefühl, eine Community, schaffen und somit die Kundenbindung nachhaltig positiv prägen.

Daten nutzen

Lang genug hast du unterschiedliche Daten über deine Kundschaft gesammelt. Nun ist es an der Zeit, diese auch gewinnbringend zu nutzen. Entwickle Funktionen, die deine Kundschaft wünschen, verbessere Schwachstellen, die zu Frustrationen führen, oder starte unerwartete Aktionen als Kundenbelohnungen. Lass dadurch deine Kundenbindung spürbar wachsen.

Checkliste

- [ ] Wie kannst du deinen Kundinnen und Kunden eine Freude bereiten?

- [ ] Wie hoch ist deine aktuelle Churn Rate?

PRODUKT-ENTWICKLUNG

Dein Produkt ist das zentrale Element in deinem Start-up. Für den erzielten Nutzen bei der Verwendung zahlen schlussendlich deine Kundinnen und Kunden. Dein Produkt sollte also so gestaltet werden, dass maximaler Kundennutzen bei tiefsten Kosten erreicht wird. Der Kundennutzen wird durch die Bereitstellung von Funktionen, sogenannten Features, maximiert werden, während die Kostenstruktur der Entwicklung auf ein Minimum reduziert wird. Einfachheit und Fokus sind in deinem Produkt zentral. Leider ist das – wie so häufig – leichter gesagt als getan. Wie du es trotzdem hinbekommst und dein Produkt somit wirtschaftlich machst, bringe ich dir in diesem Kapitel näher. Natürlich kann ich dir hier keine umfangreiche Beschreibung der technischen Entwicklung eines Produktes liefern. Ich beschränke mich auf die Grundlagen und fokussiere auf die Arbeit des Product Owners, also des Teammitglieds, das den Inhalt des Produkts definiert.

Die Basis der Produktentwicklung

Ich bin überzeugt, dass jede Produktentwicklung in einem Start-up in iterativen Schritten gemacht werden sollte. Das bedeutet, dass der Prozess immer wieder in der gleichen Abfolge durchgeführt wird, sich aber die entwickelten Funktionen mit jeder Iteration, je nach Anforderung, ändern. Das entspricht der sogenannten Agilen Entwicklung. Falls du noch nie davon gehört hast, empfehle ich dir Scrum als einen guten Startpunkt. Scrum ist eine Methode für Agiles Projektmanagement für Teams, die Produkte schnell entwickeln und kontinuierlich verbessern wollen. Entwickelt wurde Scrum von Jeff Sutherland und Ken Schaber. In Abbildung 33 zeige ich eine stark vereinfachte Sicht darauf, was eine Iteration nach Scrum beinhaltet.

In dieser Grafik ist der grundsätzliche Prozess der Produktentwicklung zu sehen. Zuerst werden vom Product Owner alle Anforderungen im sogenannten Backlog eingepflegt. Das Backlog ist nichts anderes als eine Liste von Anforderungen, auch kurz Stories genannt. Der Product Owner ordnet die Stories dann nach gewünschter Priorität. Die wichtigsten stehen zuoberst und die weiteren mit absteigender Priorität darunter. Im Anschluss daran macht sich das Entwicklungsteam an die Arbeit. Nun werden in einem Sprint, so nennt man in Scrum einen Entwicklungsschritt des Produktes, die umsetzbaren Anforderungen nach der Priorität im Backlog ausgewählt und abgearbeitet. Ein Sprint dauert zwischen zwei und vier Wochen, das kann aber individuell festgelegt werden. Am Schluss schaut das Entwicklungsteam gemeinsam mit dem Product Owner die Ergebnisse des Sprints in einer Retrospektive an und bewertet sie. Basierend auf der vereinbarten Qualität – Stichwort: Definition of Done – wird gemeinsam entschieden, ob der Entwicklungsstand des Produkts, das sogenannte Release, auf das Produktionssystem aufgespielt wird oder nicht.

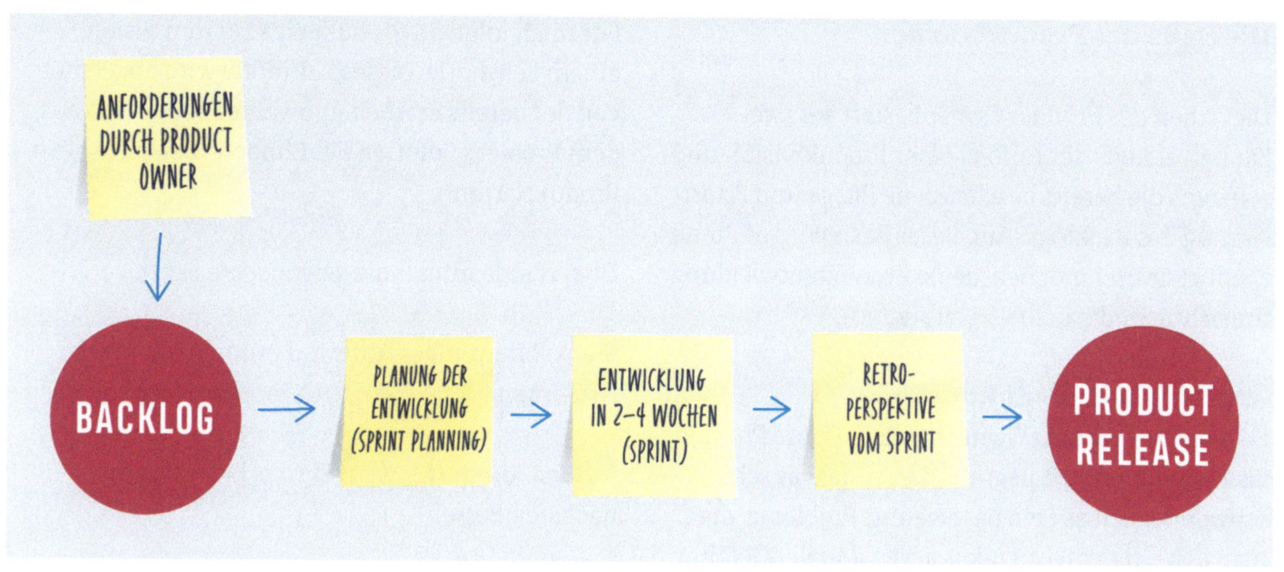

Abbildung 33: *Der grundsätzliche Prozess der Produktentwicklung.*

Die Rolle des Product Owner

Die Arbeit des Product Owner basiert auf zwei Säulen: erstens der Aufbau einer Produktvision und zweitens die bereits beschriebene Pflege und Priorisierung des Backlogs. Auf dieser Basis wird es dir als Product Owner möglich, deine Produktentwicklung umsichtig und nachhaltig zu steuern.

Aufbau einer Produktvision

So mancher Product Owner hat keine klare Produktvision definiert. Oft liegt das daran, dass es sehr schwer ist, sich auf ein paar wenige Probleme, die man lösen möchte, zu fokussieren. Mit der Gefahr, dass ich mich wiederhole, aber der Punkt ist einfach wichtig:

> *Fokussiere dein Produkt auf die möglichst einfache und intuitive Lösung einiger weniger Kundenprobleme.*

Für mich folgt ein Produkt einer klaren Vision, einem Leitmotiv. Dieses Leitmotiv wird abgeleitet von der bereits erarbeiteten Value Proposition aus dem Problem Solution Fit. Einfache Beispiele einer Produktvision:

Uber: Finde immer die gewünschte Fahrt.

Slack: Mit weniger Aufwand produktiver bei der Arbeit sein.

GetYourGuide: Machen Sie das Beste aus Ihrer nächsten Reise.

PrivacyBee: Die einfachste Datenschutzerklärung für Kleinstunternehmen.

Diese Value Propositions sind klare Leitmotive für die Entwicklung des Produkts. Alles, was nicht in dieses Leitmotiv passt, ist falsch investiertes Geld. Versuche als Product Owner, nicht alle Probleme deiner Zielgruppe zu lösen. Zu viele Features lösen

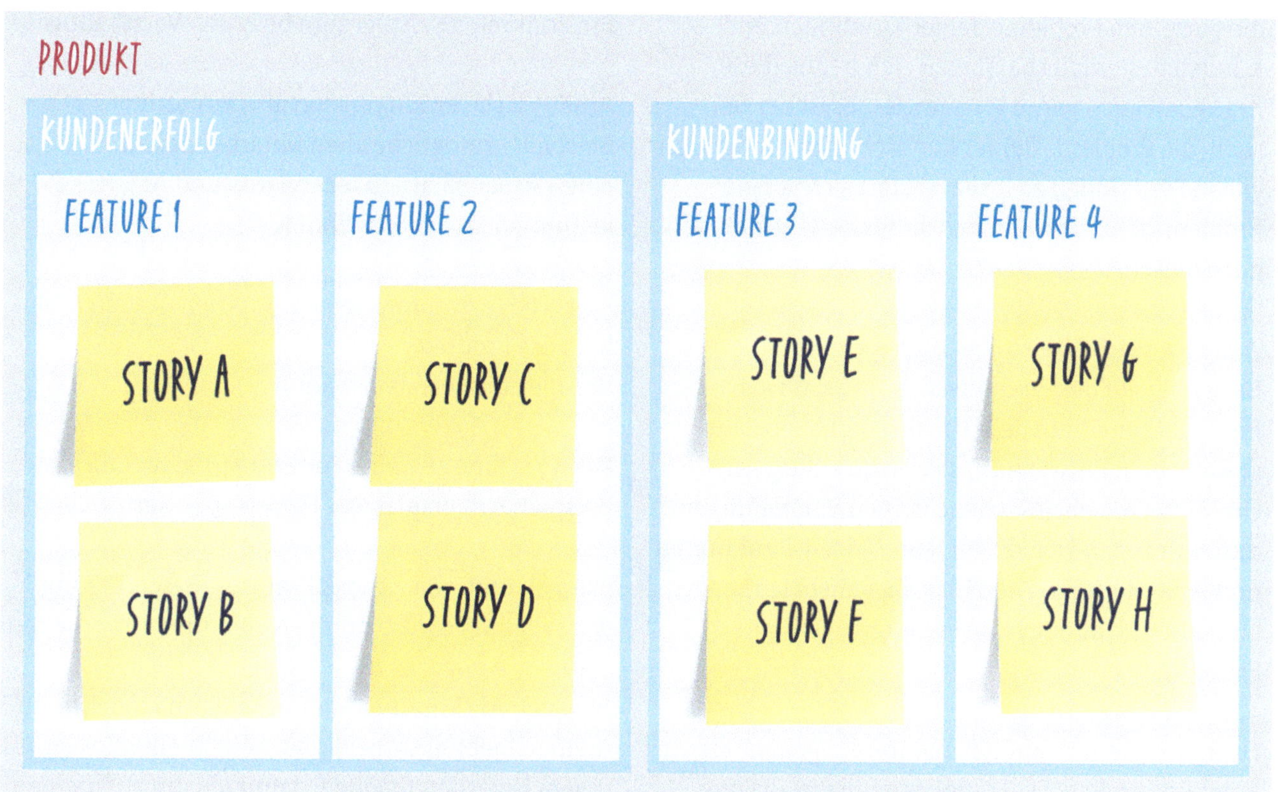

Abbildung 34: Unterteile dein Produkt in verschiedene Bereiche (Epics), die wiederum unterteilt werden in einzelne Funktionen (Features) mit den entsprechenden Anforderungen (Stories).

die einzelnen Probleme deiner Kundinnen und Kunden bestenfalls halbherzig. Ich nenne diese Krankheit auch gerne »Featuritis«. Es ist der Versuch, die Probleme deiner Kundschaft mit möglichst vielen Funktionen zu lösen, anstatt sich auf ein Problem zu fokussieren und dieses außerordentlich gut zu lösen.

Aufbau und Pflege des Backlogs

Basierend auf der Produktvision musst du als Product Owner nun dein Backlog aufbauen. Nur so kann dein Entwicklungsteam die richtigen Umsetzungen entsprechend deinen Vorstellungen durchführen. Damit du vor lauter Ideen, Funktionen und Anforderungen den Überblick nicht verlierst, empfehle ich dir die in Abbildung 34 gezeigte Struktur.

Du kannst dein Produkt in mehrere sogenannte Epics unterteilen. Diese umfassen mehrere Funktionen (Features), die wiederum die eigentlichen Anforderungen in Form von Stories enthalten.

Ein konkretes Beispiel zum besseren Verständnis:

Produkt: Die Produktvision als Leitmotiv
Beispiel: Ermögliche allen Mitarbeitenden einen Arbeitsplatz zu reservieren und Arbeitskolleg(inn)en im Büro zu finden.

Epic: Die Ansammlung von Funktionalitäten innerhalb des Produkts
Beispiel: Sitzplatzreservation

Feature: Eine einzelne Funktionalität im Epic
Beispiel: Arbeitsplatz als Favorit speichern

Story: Funktionalität des Features (Beschreibung, wie sich das Feature für die Nutzer(innen) verhalten soll)
Beispiel: Als Mitarbeitende einer Firma möchte ich meinen Lieblingsarbeitsplatz mit einem Klick zu einem Favoriten machen, damit ich ihn auf meinem Dashboard mit einem Klick reservieren kann.

Die Story folgt einer einfachen, aber sehr wertvollen Struktur (auf Englisch, da Entwickelnde oft weltweit verteilt arbeiten):

> *As a [user] I must/should be able to [functionality] such that I [value provided by functionality]*

Mit dieser Struktur wirst du dein Produkt mit etwas Übung rasch in einzelne Epics und Features unterteilen können. Oft verbergen sich aber hinter einigen wenigen Features viele Stories. Deshalb ist es unerlässlich, dass du deine Stories – wie bereits erwähnt – mit unterschiedlichen Prioritäten einordnest. Hier ein paar Überlegungen für die Priorisierung:

- Wie viel kostet die Umsetzung einer Story?
- Bringt das Feature Mehrwert für die Kundinnen und Kunden?
- Werden die Kundinnen und Kunden ohne das Feature in Zukunft möglicherweise in der Benutzung des Produkts eingeschränkt?
- Wie stehen die Kosten der Umsetzung im Verhältnis zum Nutzen?

Kleine Erinnerung: Dein Produkt sollte immer darauf ausgelegt sein, einen deutlichen Mehrwert zu schaffen und Hürden für die Nutzende abzubauen. Entwickle neue Funktionen auf Basis von Rückmeldungen deiner Nutzenden. Das bedeutet, dass du nicht aus einem Bauchgefühl heraus neue Features in Angriff nimmst, sondern dich an konkreten Kundenbedürfnissen orientierst. Wobei du in deiner Arbeit als Product Owner auch ein wichtiger Filter für die wirklich notwendigen Funktionen in deinem Produkt bist. Wenn du ausschließlich den Wunschzettel deiner Nutzenden abarbeitest, wirst du dich verzetteln. Arbeite wo nur immer möglich mit Experimenten, um die Produktideen vorab zu testen. Die Produktidee kann auch als No-Code-Variante vor der Umsetzung am Markt getestet werden.

Das Kano-Modell ermöglicht dir in der Analyse eine rasche Einstufung deiner Produktidee. Es wurde bereits in den Achtzigerjahren von Noriaki Kano entwickelt. Im Kano-Modell kannst du deine Idee grob in die folgenden drei Bereiche einordnen:

Basis: Das sind Funktionen, die für deine Nutzenden selbstverständlich sind und unbewusst vorhanden sein müssen. Fehlen sie, werden deine Nutzenden rasch unzufrieden, und dein Produkt wird keinen Erfolg haben. Ein Beispiel dafür ist das Fehlen einer Selbst-Registrierung für neue Nutzenden.

Leistung: Diese Funktionalität suchen Nutzende aktiv. Wenn diese Funktion nicht gegeben ist, wird dein Produkt als Lösung nicht in Betracht gezogen. Die Verfügbarkeitsanzeige eines Onlineshops ist ein großartiges Beispiel. Ich kaufe das Produkt in dem Shop, der mir die Verfügbarkeit zuverlässig angeben kann. Fehlt diese Funktion, bestelle ich nicht.

Begeisterung: Diese Funktionen erwarten deine Nutzenden nicht, doch sie sind begeistert, weil sie einen außerordentlichen Nutzen stiften. Baue in deinem Produkt mindestens eine solche Funktion ein, wenn du Erfolg haben möchtest.

Deine Entwicklungsplanung – auch Product Roadmap genannt – ergibt sich durch die Zusammenstellung der verschiedenen Funktionen. Dein Entwicklungsteam kann den ungefähren Aufwand zur Umsetzung der einzelnen Funktionen schon mal grob abschätzen. Klar, die Schätzungen sind oft ungenau, aber es ist zentral, zu wissen, ob eine Funktion drei Wochen oder drei Tage zur Umsetzung benötigt. Diese Schätzung nutze ich dann für die Berechnung der KPI für die Produktentwicklung, den Product Development Cost Ratio, kurz PDCR. Dieser setzt die Kosten der Entwicklung eines Features im Produkt (gemessen beispielsweise an den Storypoints) ins Verhältnis zum Kundennutzen. Genau daran solltest du dich auch in der Priorisierung orientieren.

Dein priorisiertes Backlog wirst du als Product Owner nun in regelmäßigen Abständen mit deinem

Entwicklungsteam besprechen. Das Team hat den natürlichen Anspruch, so viele Stories wie möglich in der geforderten Qualität umzusetzen. Damit der Anspruch an die Qualität für alle Parteien klar ist, empfehle ich, dass ihr eine sogenannte Definition of Done aufschreibt.

Die Definition of Done

Kurz zusammengefasst ist die Definition of Done eine Abmachung innerhalb des Teams, wann die Entwicklung an einer bestimmten Funktion als beendet zu betrachten ist. Wann gilt die Entwicklung einer Story als korrekt abgeschlossen? Welche Qualitätsansprüche gelten bezüglich der Entwicklung? Gibt es Anforderungen, die nicht an Stories gebunden sind, sogenannte nichtfunktionale Anforderungen?

Für alle drei Bereiche muss eine Definition of Done aufgebaut werden:

- Eine Story sollte immer sogenannte Akzeptanzkriterien haben. Diese geben exakt an, was im Erfolgs- oder Fehlerfall in der Story geschehen soll. Das klingt vielleicht etwas übertrieben und formalistisch. Wenn du als Product Owner aber ein paar hundert Anforderungen umgesetzt hast, bist du froh, wenn du von Anfang an deine Stories mit Akzeptanzkriterien erfasst hast. Sonst wird das Testen deines Produkts rasch vom Zufall bestimmt sein.
- Der Anspruch an die Code-Qualität wird in Form von technischen Standards in der Entwicklung definiert. So können Elemente wie automatisierte Tests, Designprinzipien oder Coding Guidelines definiert und eingefordert werden.
- Nichtfunktionale Anforderungen werden leider oft vernachlässigt. Wer aber je in ein Problem wie ein korruptes Release oder eine nicht skalierbare Architektur gestolpert ist, wird nie

wieder auf die Ausformulierung von nichtfunktionalen Anforderungen verzichten. In den Bereich der nichtfunktionalen Anforderungen fallen beispielsweise Sicherheit, Datenschutz oder Stabilität des Produkts

Auf scrum.org findest du eine viel ausführlichere Beschreibung der Definition of Done. Ich möchte dich hier nur auf die Nützlichkeit einer solchen Abmachung hinweisen. Statt im Nachhinein Missverständnisse und Auseinandersetzungen zwischen dem Entwicklungsteam und dem Product Owner zu haben, kläre ich diese impliziten Erwartungen lieber gleich zu Beginn.

Dein Produkt ist der Dreh- und Angelpunkt für alle Disziplinen im Product Market Fit. Als Product Owner musst du Anforderungen aus Wachstum, Kundenerfolg und Kundenbindung ebenso einplanen wie die Leistungsmerkmale deines Produkts. Teste diese Anforderungen gerne mal neben deinem Produkt in einem MVP aus. Bleibe flexibel und achte darauf, dass dein Produkt nicht die anderen Disziplinen einschränkt und dein Start-up dadurch an Geschwindigkeit und Anpassungsfähigkeit verliert.

- Was für eine Produktvision verfolgst du?
- Welche Epics wird dein Produkt in Zukunft haben?

DAS PHÄNOMEN PREMATURE SCALING

Auf dem Weg zum Product Market Fit gibt es ein Phänomen, das Start-ups oft zum Verhängnis wird: das sogenannte Premature Scaling. Also das unreife Skalieren des Unternehmens. Beim Premature Scaling wird ein Bereich des Start-ups im Verhältnis zu den anderen zu sehr vernachlässigt. Lass mich das mit ein paar Beispielen besser erklären:

- Du investierst massiv in die Vermarktung und Kundengewinnung, hast aber deine Churn nicht unter Kontrolle. Das Resultat ist, dass dein Verhältnis der Kosten zur Kundengewinnung (CAC) steigt und dein Umsatz pro Kunde (Customer Lifetime Value, CLV) sinkt. Durch das entstandene Ungleichgewicht wird dein Start-up zu einer puren Geldvernichtungsmaschine.
- Du gewinnst sehr effizient neue Kundschaft. Jedoch weist dein Produkt noch viele Fehler und Probleme auf. Dadurch steigen die Aufwände im Customer Success unkontrolliert, dein Unternehmen generiert primär teure, unzufriedene

Kundschaft und gerät in eine negative Spirale mit hoher Churn und schlechtem Ruf.
- Du investierst massiv in deine Produktentwicklung und fokussierst dich auf maximale Qualität. Dabei vergisst du, rechtzeitig dein Wachstum zu gestalten und auszubauen. Dadurch hast du wenige Monate vor der nächsten Finanzierungsrunde zwar ein perfektes Produkt, aber viel zu wenig Erfolg am Markt und wirst nicht mehr finanziert.
- Du hast in einer Finanzierungsrunde viel zu viel Risikokapital beschafft. Du kannst die damit verbundene Erwartungshaltung der Investierenden, was die Skalierung betrifft, in der zur Verfügung stehenden Zeit nicht erfüllen. Weil kein Druck mehr vorhanden ist, werden zudem ganze Teams bequem und liefern nicht genügend Leistung.

Du merkst, Premature Scaling hat viel mit Bescheidenheit und Ausgeglichenheit zu tun. Kein Bereich ist wichtiger als der andere und kann für sich allein überleben. Wenn sich ein Bereich viel schneller entwickelt als die anderen, ist dein Start-up im Ungleichgewicht und du musst handeln. Auch wenn das bedeutet, dass du einen Bereich aktiv zurückbinden musst. Ich habe selbst schon in Start-ups das Wachstum aktiv gedrosselt, damit die Produktentwicklung den Rückstand aufholen konnte. Überfluss ist ebenso ein Problem wie der Mangel.

FEELING THE FIT

Eine klare Definition des Product Market Fit aufgrund absoluter Zahlen ist sehr schwierig. Oft wird der Verkaufserfolg oder die positiven Feedbacks der Nutzenden als Product Market Fit interpretiert. Klar, die sind wichtig, aber schlussendlich nur ein Teil der Wahrheit. Wie merkst du also, dass du den Product Market Fit gefunden hast? Eine absolute Aussage ist wie erwähnt schwierig. Ob du grundsätzlich auf dem richtigen Pfad bist, kannst du durch die Verwendung der KPI einfach abschätzen:

- Dein CAC sinkt und ist deutlich kleiner als die berechnete CLV.
- Deine Cost per Unit ist positiv.
- Der virale Faktor ist größer als 1 (was bedeutet, dass du mehr Kundschaft gewinnst als verlierst).
- Die Churn Rate sinkt kontinuierlich.
- Dein Sean Ellis Score ist größer als vierzig.

Ob du an deinem Ziel angekommen bist, kannst du aber nur aufgrund der KPI allein kaum definitiv bestimmen. Genauso wie es schwierig ist zu sagen, ob dein Abenteuer grundsätzlich ein Erfolg darstellt. Es ist eher ein emotionales Gefühl als eine absolute Wahrheit. Marc Andreessen, der Co-Founder von Netscape, hat das Erreichen des Product Market Fit als folgendes Gefühl beschrieben:

> *And you can always feel product/market fit when it's happening. The customers are buying the product just as fast as you can make it – or usage is growing just as fast as you can add more servers. Money from customers is piling up in your company checking account.*

Ich würde, ausgehend von Marcs Zitat, sogar noch weitergehen:

> *Du hast den Product Market Fit erreicht, sobald du das Gefühl hast, dass du nicht mehr nachkommst mit der Befriedigung der Nachfrage. Die Kundinnen und Kunden kaufen das Produkt so schnell, wie du nur liefern kannst. Es kommen mehr Anfragen, als dein Vertriebsteam bearbeiten kann. Durch das schnelle Wachstum an Kundschaft häufen sich die Kundenerfolgsanliegen. Parallel suchst du ein Dutzend neue Mitarbeitende. Das Team ist etwas frustriert, weil es konstant am Arbeiten und Entspannung nicht in Sicht ist. Als Nebeneffekt ist dein Konto dank der vielen Kundinnen und Kunden und noch tiefen Fixkosten prall gefüllt.*

Klingt nicht wahnsinnig prickelnd, oder? Das ist aber die Realität. Und der Engpass ist nicht selten die Verfügbarkeit von qualifizierten Mitarbeitenden. Stell dir vor, du musst innerhalb eines Jahres ein Dutzend Personen in zwei Ländern anstellen, gleichzeitig die weitere Finanzierungsrunde und die Gründung von internationalen Niederlassungen organisieren. Natürlich neben dem Tagesgeschäft, das vor Neukundinnen und Neukunden brummt. Wenn sich dieses Gefühl bei dir einstellt, dann hast du definitiv den Product Market Fit erreicht. Nun verliere den Fokus vor lauter Stress nicht. Arbeite konsequent weiter an deinem Erfolgsrezept, deinem Produkt und deinem Team. Delegiere an die richtigen Menschen und beginne, als CEO und nicht mehr als Founder zu agieren. Aber dieses Thema ist Stoff für ein weiteres Buch und die Fortsetzung unserer Abenteuerreise.

Checkliste

- [ ] Fühlst du deinen Product Market Fit?
- [ ] Wie erlebst du dein Abenteuer bis heute?

JEDES START-UP IST EIN ABENTEUER. UND ALLES, WAS DU BRAUCHST, SIND ZWANZIG SEKUNDEN MUT.

DANK

Ich möchte mich herzlichst bei den verschiedensten Menschen für ihre Geduld, ihre Unterstützung und ihre Inspiration bedanken. Ich hatte den Aufwand für das Schreiben eines Buches massiv unterschätzt. Falls ich jemals wieder diese Idee haben sollte, bitte erinnert mich daran.

Ich danke euch allen:

- meiner Frau Anina für die unendliche Geduld, die sie aufgebracht hat, als ich Abend für Abend geschrieben habe;
- meinen Kindern Ted und Liv für ihre erfrischende Neugierde und die Ermunterung, immer wieder nach dem Wieso zu fragen;
- meinen Geschäftspartnern Christoph Camenisch und Christian Wittwer, die immer an mich glauben und mir die Freiheit einräumen, meinen Traum zu leben;
- dem gesamten Digital-Innovation-Lab-Team, das meine Idee immer unterstützt hat;

- meiner Start-up-Community, die mich mit ihrer Expertise und ihrem Feedback täglich unglaublich bereichert;
- Henrik Meinke und Jutta Schneider für ihre Unterstützung bei der Verfassung dieses Buches;
- allen Testleser(inne)n, insbesondere Roman Jeckelmann, Seline von Bergen und Christian Wittwer.

QUELLEN

David Bland, Alex Osterwalder (2020): Testing Business Ideas. Mit kleinem Einsatz durch schnelle Experimente zu großem Gewinn. Campus, Frankfurt am Main.

Wes Bush (2019): Product-Led Growth. How to Build a Product That Sells Itself. Product-Led Institute, Waterloo, Kanada.

Sean Ellis (2017): Hacking Growth. How Today‘s Fastest-Growing Companies Drive Breakout Success. Random House, London, UK.

Dark Horse Innovation (2016): Digital Innovation Playbook. Das unverzichtbare Arbeitsbuch für Gründer, Macher und Manager. Murmann Verlag, Hamburg.

Daniel Goleman (1997): EQ. Emotionale Intelligenz, dtv, München.

Ash Maurya (2013): Running Lean. Das How-to für erfolgreiche Innovationen. O'Reilly, Heidelberg.

Geoffrey Moore (2014): Crossing the chasm. 3rd Edition. Harper Business, New York, USA.

Alexander Osterwalder, Yves Pigneur (2011): Business Model Generation. Ein Handbuch für Visionäre, Spielveränderer und Herausforderer. Campus, Frankfurt am Main.

Alexander Osterwalder, Yves Pigneur (2015): Value Proposition Design. Campus, Frankfurt am Main.

Eric Ries (2014): Lean Start-up. Schnell, risikolos und erfolgreich Unternehmen gründen. Redline Verlag, München.

Jeff Sutherland, Ken Schaber: Welcome to the Home of Scrum! https://scrum.org, abgerufen am 3. April 2024.

GLOSSAR

1xStart-up | Ein Frühphasen-Start-up, das sich auf den ➲ Problem Solution Fit konzentriert, oft mit begrenzten Ressourcen und einfacher Lösung.

AI (Künstliche Intelligenz) | Systeme oder Programme, die menschenähnliche Fähigkeiten wie Lernen, Verstehen und Entscheiden simulieren können.

Angel Club | Eine Gruppe von ➲ Business Angels, die gemeinsam in Start-ups investieren.

A Problem worth solving | Ein wesentliches Problem, dessen Lösung genug Wert für Kunden bietet, um ein Geschäft darauf aufzubauen.

Backlog | Liste von Aufgaben oder Funktionen, die noch abgeschlossen werden müssen, oft verwendet im Rahmen von Softwareentwicklung und Projektmanagement.

Blind Spots | Bereiche, in denen ein Unternehmen oder eine Person möglicherweise wichtige Faktoren oder Trends übersieht.

Bootstrap | Ein Ansatz zur Unternehmensgründung, bei dem das Start-up ohne externe Finanzierung auskommt und sich aus eigenen Einnahmen finanziert.

Break-even | Der Punkt, an dem die Einnahmen die Kosten decken und das Unternehmen keinen Verlust mehr macht.

Branding | Der Prozess der Markenbildung, bei dem ein Unternehmen eine eindeutige Identität in Form eines Namens, Designs oder Bildes entwickelt, das es von anderen unterscheidet.

Bridge-Finanzierung | Kurzfristige Finanzierung zur Überbrückung bis zur nächsten größeren Finanzierungsrunde.

Burn Rate | Die Rate, mit der ein Start-up sein Kapital verbrennt, um laufende Kosten vor der Erzielung von Einnahmen zu decken.

Business Angels | Privatpersonen, die Kapital in Start-ups investieren und zusätzlich oft strategische Beratung bieten.

Business Development | Prozesse und Aufgaben zur Entwicklung und Implementierung von Wachstumsopportunitäten innerhalb und zwischen Organisationen.

Business Model Canvas | Ein strategisches Management- und Unternehmertool, das dazu dient, neue oder bestehende Geschäftsmodelle übersichtlich darzustellen.

Call to Action (CTA) | Ein Designelement oder Text auf einer Webseite oder in einer Werbeanzeige, das zum Handeln auffordert, zum Beispiel »Jetzt kaufen« oder »Mehr erfahren«.

Cap Table | Eine Aufstellung aller Anteilsbesitzenden eines Unternehmens, inklusive der Anteilsgrößen und der Art der Anteile.

Churn Rate | Die Rate, mit der Kundinnen und Kunden ein Produkt oder Service innerhalb eines bestimmten Zeitraums abbestellen oder nicht verlängern.

Cloud Computing | Die Bereitstellung von IT-Infrastruktur und -Dienstleistungen wie Rechenleistung oder Datenspeicherung über das Internet, wobei Kunden nach Nutzung bezahlen.

Content Hub | Eine zentrale Plattform, auf der Inhalte gesammelt, verwaltet und geteilt werden, oft zur Unterstützung des Marketings.

Continuous Integration | Eine Softwareentwicklungspraxis, bei der Codeänderungen regelmäßig in ein gemeinsames Repository eingefügt und automatisch getestet werden.

Cost per Click (CPC) | Ein Online-Werbezahlungsmodell, bei dem Werbetreibende für jeden Klick auf ihre Anzeigen bezahlen.

Cost per Lead (CPL) | Die Kosten, die ein Unternehmen aufwenden muss, um einen potenziellen Kunden oder Lead zu gewinnen.

Cost per Unit (CPU) | Die Kosten, die für die Herstellung einer Einheit eines Produktes anfallen.

Customer Acquisition Cost (CAC) | Die Kosten, die einem Unternehmen entstehen, um einen neuen Kunden zu gewinnen.

Customer Lifetime Value (CLV) | Der Gesamtwert, den ein Kunde während seiner gesamten Beziehung zum Unternehmen generiert.

Customer Relationship Management (CRM) | Systeme und Prozesse eines Unternehmens zur Verwaltung seiner Interaktionen mit aktuellen und potenziellen Kunden.

Chief Technology Officer (CTO) | Eine Führungsperson, verantwortlich für die technologische Ausrichtung und die Entwicklung neuer Technologien im Unternehmen.

Deal Flow | Die Rate, mit der Investmentmöglichkeiten und Geschäftsvorschläge an Investorinnen und Investoren oder Unternehmen herangetragen werden.

Definition of Done | Eine klare Liste von Kriterien, die festlegt, wann eine Aufgabe als abgeschlossen gilt, oft verwendet in der Softwareentwicklung.

Fear of missing out (FOMO) | Die Angst, eine wichtige oder angenehme Aktivität zu verpassen, die anderswo stattfindet, oft verstärkt durch soziale Medien.

Founders DNA | Die einzigartigen Fähigkeiten und Charaktereigenschaften von Gründenden, die zum Erfolg eines Start-ups beitragen.

Founder's Fit | Die Harmonie und Kompatibilität von Werten zwischen den Gründenden eines Start-ups, die für den Erfolg entscheidend sein können.

Fractional CMO | Eine Marketingperson, die auf Teilzeitbasis arbeitet, um mehreren Unternehmen strategische Marketingdienste anzubieten.

Fully-diluted-Anteil | Bezieht sich auf den Prozentsatz der Unternehmensanteile, der berechnet wird, indem man alle ausgegebenen und zugesagten Aktienoptionen als ausgegeben betrachtet.

Fundraiser | Eine Person die im Auftrag Kapital für Unternehmen oder Organisationen sammelt.

Growth Engine | Ein strategischer Ansatz zur Steigerung des Wachstums eines Unternehmens durch effektive Nutzung seiner Ressourcen.

Growth Hacking | Eine Technik im Digitalmarketing, die Kreativität, analytisches Denken und Technologie nutzt, um die Verkaufszahlen zu erhöhen und das Wachstum zu beschleunigen.

Hard Skills | Messbare Fähigkeiten, die durch Ausbildung, Training oder Erfahrung erworben wurden, zum Beispiel Programmierung oder Buchhaltung.

In a Nutshell | Kurz gesagt; eine kompakte Zusammenfassung eines komplexen Themas.

Key Performance Indicator (KPI) | Leistungskennzahlen, die verwendet werden, um den Erfolg eines Unternehmens in verschiedenen Bereichen zu messen.

Large Language Models | KI-Modelle, die große Datenmengen verarbeiten, um die menschliche Sprache zu verstehen und zu generieren.

Lead Funnel | Ein Marketingmodell, das die Reise eines potenziellen Kunden vom ersten Kontakt bis zum Kauf darstellt.

Lead Nurturing | Der Prozess der Entwicklung von Beziehungen zu potenzieller Kundschaft auf jeder Stufe des Verkaufstrichters und durch jeden Schritt des Käuferprozesses.

Leads | Potenzielle Kunden, die Interesse an einem Produkt oder einer Dienstleistung eines Unternehmens gezeigt haben.

Liquidation Preference | Eine Bestimmung in den Verträgen von Vorzugsaktien, die festlegt, welche Aktionäre im Falle einer Liquidation des Unternehmens bevorzugt entschädigt werden.

Minimum Viable Product (MVP) | Die einfachste Version eines Produkts, die entwickelt wird, um den Markt schnell zu testen und Feedback von den ersten Nutzenden zu erhalten.

Net Promoter Score (NPS) | Eine Metrik, die die Bereitschaft von Kundinnen und Kunden misst, ein Unternehmen zu empfehlen, basierend auf ihren Erfahrungen und ihrer Zufriedenheit.

Non-Disclosure Agreement (NDA) | Ein vertrauliches Dokument, das die Weitergabe geschützter Informationen an Dritte untersagt.

No-Code | Plattformen und Tools, die es Nutzenden ermöglichen, Anwendungen und Websites zu erstellen, ohne programmieren zu müssen.

No-Code MVP | Ein MVP, das mit No-Code-Tools erstellt wurde, um die Entwicklungsgeschwindigkeit zu erhöhen und technische Barrieren zu reduzieren.

OMR Review | Eine Überprüfung oder Bewertung eines Unternehmens oder Produkts, oft im Kontext von Online-Marketing.

Outbound-Marketing | Marketingstrategie, die traditionelle Methoden wie Kaltakquise, Direktmailings und Messen umfasst, um Kunden zu gewinnen.

Pivot | Die strategische Entscheidung eines Start-ups, sein Geschäftsmodell oder Produkt signifikant zu ändern, um sich besser an den Markt oder die Kundennachfrage anzupassen.

Premature Scaling | Das zu schnelle Wachstum eines Start-ups, das oft zu Ressourcenüberlastung und ineffizienter Betriebsführung führt.

Product Development Cost Ratio (PDCR) | Das Verhältnis der Produktentwicklungskosten zum, Nutzen, das die Effizienz der Produktentwicklung misst.

Product-Led Growth | Wachstumsstrategie, bei der das Produkt selbst der Haupttreiber für die Kundengewinnung und Kundenbindung ist.

Product Market Fit | Die Situation, in der ein Unternehmen ein Produkt entwickelt hat, das den Marktbedürfnissen entspricht und von der Kundschaft gut angenommen wird.

Product Owner | Eine Rolle in agilen Teams, die für die Definition des Produktumfangs und die Verwaltung des Produkt-Backlogs verantwortlich ist.

Problem Solution Fit | Der Grad, in dem eine Lösung das Problem eines Kunden effektiv adressiert, oft ein frühes Ziel für Start-ups zur Validierung ihrer Ideen.

Problem Solution Statement | Eine klare Aussage, die das spezifische Problem beschreibt, das ein Produkt oder eine Dienstleistung für den Kunden löst.

Proof of Concept (PoC) | Ein realisierter Prototyp oder ein Prozess, der die technische Machbarkeit einer Idee demonstriert.

Purpose | Der übergeordnete Zweck oder das Hauptziel eines Unternehmens, oft genutzt, um Vision und Strategie zu leiten.

Quality Gates | Kontrollpunkte in einem Entwicklungsprozess, bei denen ein Produkt bestimmte Qualitätsstandards erfüllen muss, bevor es zur nächsten Phase übergeht.

Runway | Die geschätzte Zeit, die ein Start-up mit seinen vorhandenen finanziellen Ressourcen weiterarbeiten kann, bevor weitere Finanzierung benötigt wird.

Sean Ellis Score | Ein Maßstab, benannt nach dem Marketer Sean Ellis, der die Produkt-Markt-Passung durch eine spezifische Kundenbefragung misst.

Seed-Finanzierung | Eine frühe Finanzierungsrunde, in der Investorinnen und Investoren Kapital in ein Start-up investieren, oft um die Produktentwicklung und Markteinführung zu unterstützen.

Sell-before-you-build MVP | Ein Ansatz, bei dem ein Start-up Vorbestellungen für ein Produkt sammelt, bevor es tatsächlich gebaut oder entwickelt wird.

Serviceable Available Market (SAM) | Der Teil des Gesamtmarktes, den ein Unternehmen bedienen kann, basierend auf seinem Produktangebot und seiner geografischen Reichweite.

Serviceable Obtainable Market (SOM) | Der Teil des ➲ SAM, den ein Unternehmen realistischerweise erfassen kann, basierend auf seinen aktuellen Ressourcen und Fähigkeiten.

Shadowing | Eine Methode zur Mitarbeiterausbildung, bei der eine Person eine andere bei ihrer täglichen Arbeit beobachtet, um ihre Aufgaben und Rollen zu lernen.

Smoke Test | Ein vorläufiger Test, der durchgeführt wird, um die Machbarkeit oder das Interesse an einem Produkt oder einer Idee zu überprüfen, oft bevor umfangreiche Ressourcen investiert werden.

Software as a Service (SaaS) | Ein Softwareverteilungsmodell, bei dem Anwendungen über das Internet gehostet und Kunden auf Abonnementbasis Zugriff gewährt wird.

Stick to the truth | Ein Grundsatz, der die Bedeutung von Ehrlichkeit und Integrität in der Kommunikation und Geschäftsführung betont.

Systemarchitektur | Der strukturelle Entwurf eines Systems, der seine Komponenten und die Beziehungen zwischen ihnen definiert, oft verwendet in der Technologieentwicklung.

Term Sheet | Ein Dokument, das die wesentlichen Bedingungen und Konditionen einer Finanzierungsrunde festlegt, bevor ein detaillierterer Vertrag ausgehandelt wird.

Total Addressable Market (TAM) | Der gesamte Umsatz, der theoretisch erzielt werden könnte, wenn ein Unternehmen einhundert Prozent des Marktes für ein bestimmtes Produkt oder eine Dienstleistung bedienen würde.

Unique Selling Proposition (USP) | Ein Merkmal oder Vorteil eines Produkts, das es von ähnlichen Produkten auf dem Markt unterscheidet.

Unique Value Proposition (UVP) | Ein klares Statement, das die Vorteile eines Produkts beschreibt und wie es die Bedürfnisse der Kunden besser erfüllt als Konkurrenzprodukte.

User Centered Design | Ein Designansatz, der den Nutzenden in den Mittelpunkt stellt und darauf abzielt, Produkte zu schaffen, die ihre Bedürfnisse und Wünsche erfüllen.

UX-Designer | Ein Spezialist für die Gestaltung von Benutzererfahrungen, der sicherstellt, dass Produkte und Dienstleistungen benutzerfreundlich und ansprechend sind.

Van-Westendorp-Methode | Eine Marktforschungstechnik, die verwendet wird, um die Preisbereitschaft der Verbraucher für ein Produkt zu bestimmen.

Venture | Ein risikoreiches Unterfangen in der Geschäftswelt, oft im Kontext von Start-ups und neuen Unternehmungen verwendet.

Venture-Capital-Fund | Ein Investmentfonds, der in Start-ups und andere risikoreiche Unternehmen investiert, um hohe Renditen zu erzielen.

Vesting | Ein Prozess, bei dem einer mitarbeitenden Person über einen festgelegten Zeitraum Anteile oder Optionen gewährt werden, die mit der Zeit erworben werden.

Vision Sell Pitch | Eine Präsentationsmethode, die verwendet wird, um die Vision des Unternehmens zu vermitteln und potenzielle Investoren oder Kunden zu überzeugen.

Well-educated Guess | Eine gut informierte Vermutung oder Annahme, die auf vorhandenem Wissen und Erfahrung basiert, oft verwendet in der Entscheidungsfindung.

Harald Karrer
Visualisieren fürs Business
& so
Clever kommunizieren mit dem Stift